古书院物语
图解中国书院形制与意趣

李桃　田欣　饶敏　著

水云山

机械工业出版社
CHINA MACHINE PRESS

在千百年的历史流转中，书院承载着文明和思想的火花。本书以中国的岳麓书院、石鼓书院、白鹿洞书院、嵩阳书院以及应天府书院为主要研究对象，从书院的文化基石、规划形布局、园林形解析、建筑形解构、实地考察等多个角度进行解读。

本书作者亦是求学期间的同窗好友，三人从天南海北多次相约共同前往湖南、江西、河南等地进行书院的实地调研、测绘制图，而后进行实景手绘、文稿撰写等工作。通过250余幅的手绘图对古书院的建筑与园林形态及其形成机制进行分析，故而命名为"古书院物语：图解中国书院形制与意趣"。

全书图文并茂，入之深而出之浅，既可作为普通读者了解书院的入门读物，亦可成为书院研究者研习的参考书。

图书在版编目（CIP）数据

古书院物语：图解中国书院形制与意趣 / 李桃，田欣，饶敏著. -- 北京：机械工业出版社，2025.3
ISBN 978-7-111-70995-4

Ⅰ.①古… Ⅱ.①李… ②田… ③饶… Ⅲ.①书院 — 建筑艺术 — 中国 — 图解 Ⅳ.①TU-092.2

中国版本图书馆CIP数据核字（2022）第100307号

机械工业出版社（北京市百万庄大街22号　邮政编码100037）
策划编辑：张维欣　　　　　　责任编辑：张维欣
责任校对：丁梦卓　宋　安　　封面设计：马若濛
责任印制：常天培
北京联兴盛业印刷股份有限公司印刷
2025年7月第1版第1次印刷
169mm×239mm・14.25印张・1插页・187千字
标准书号：ISBN 978-7-111-70995-4
定价：79.00元

封底无防伪标均为盗版

电话服务　　　　　　　　网络服务
客服电话：010-88361066　机　工　官　网：www.cmpbook.com
　　　　　010-88379833　机　工　官　博：weibo.com/cmp1952
　　　　　010-68326294　金　书　网：www.golden-book.com
　　　　　　　　　　　　机工教育服务网：www.cmpedu.com

序一

《古书院物语》放在案头很多天了，作者团队的田欣和策划编辑张维欣邀请我作序推介。这是一部散发青春活力、充满艺术气息的建筑学著作，而我的建筑学知识近乎为零，因而一直不敢接受任务。但久推不脱，且困于书院情结，又因为最近也在集结古代书院版图，编纂《中国书院图志》，有些不同于平时的感觉，故而勉力而行，以应差命。

在我看来，《古书院物语》至少有以下几个特点值得读者特别注意。

第一，赓续左图右书的古代传统。左图右书为古代图书本义，后世图学废绝，有书无图几成图书惯例。图书无图，不无遗憾。清人赵宁在《岳麓书院图序》中有言："麓以岳名，从岳也，而岳麓之离岳独称者，以书院显也……书院可无图耶？"（康熙《岳麓志》卷一）。《古书院物语》立足于书院的规划、建筑及景观等要素，以手绘图结合影像的方式全面系统地阐述了五大书院的文人建筑特色，并深入探讨了书院木质建构以及园林景观的文化内涵。以图叙事，以图证史，有书有图，图文并茂地描绘了典雅隽永、庄敬严整的书院全貌和楼台亭阁等精细入微之处，再现了文人建筑的哲学意蕴、艺术程式及风格。可以说，这是80后一代建筑学人对古代左图右书传统的现代传承，既有深厚的文化底蕴，又有专业的建筑艺术特色。

第二，《古书院物语》是千年学府建筑学子深切感知、品味书院的心得之作。今天，使用计算机软件绘制建筑图形进行建筑设计已经成为常态。本书作者以手绘图，既是建筑专业日常训练的"作业"，是基本功的呈现，更是一种体会传统建筑的实践，有庄严的仪式感，眼、手、心全部到位，全神贯注，感知、品味而成心得。她们由课堂练习的岳麓书院，推广到五大书院，脚踏实地，一一勘察，深切体会，手绘成卷，由图演绎，铺成文字，实在是难能可贵，值得钦佩！

第三，《古书院物语》是千年学府师生书院情怀代际传承的见证。帅气手绘书院的李桃，激情解说书院的田欣和饶敏，积极编辑此书的张维欣，她们有一个共同特点——曾经求学于岳麓山下，受书院千年文化熏陶。李桃入学第一学期手绘岳麓书院的考察笔记，成了《古书院物语》的画稿之源，从此入迷；田欣的书院情愫不仅洋溢于中国古建筑的课堂，更澎湃于重洋之外的大学殿堂，心心念念；在京求学后置身房地产行业的饶敏一路始终保持着对建筑的热爱，满怀热情投入到本书的编写中；责编张维欣在湖南大学七年，读本科时就是"岳麓书院讲师团"的骨干，身心洗礼，研究生转专业研习中国传统建筑。她们的书院情怀，除了岳麓书院的几年滋养之外，更深受其老师柳肃、张卫、王小保等教授的影响，而毫无疑问，这些老师又受到他们的老师杨慎初教授的影响。杨老师是湖南大学岳麓书院的首任山长，自1979年起，主持岳麓书院的修复研究，著有《岳麓书院史略》《湖南传统建筑》《岳麓书院建筑与文化》《书院建筑》《中国书院文化与建筑》，对书院有很深的感情，卓然成一代建筑史名家。柳肃、张卫是杨老师的研究生，上述著作多参与工作，且柳肃继杨老师之后，以"岳麓书院终生守护者"之身份全身心投入岳麓书院的修复研究。老师的老师，学生的学生，对书院的迷恋与沉浸，可谓初心不改，一代传承一代。

我不是杨老师及门弟子，但1984年7月到湖南大学岳麓书院工作，即受杨老师指派研究书院，并深受杨老师影响，几十年从没有离开书院的课题，以书院研究为志业，自认是杨老师的学生，与柳、张二位教授有师友之谊。最近主编"中国书院文化建设丛书"，还请柳教授撰写《礼乐相成：书院建筑》一书。因此，我自己也是这一书院情怀代际传承中的一环。

书院是中国士人围绕着书进行文化积累、研究、创造与传播的文化教育组织。它源于唐代私人治学的书斋与官府整理典籍的衙门，在官民两种力量体系的交相加持下，成为一种文教制度。历宋元明清，有1200余年的历史，各地创建书院7500余所，深刻影响中国社会，为教育、学术、文化、出版、藏书等事业的发展，对学风士气、民俗风情的培植，对国民思维习惯、伦常观念的养成等都做出了重大贡献。明代开始，它又走出国门，传到东国朝鲜、东洋日本、南洋各地，以及越南等国，甚至意大利那不勒斯、美国旧金山等西洋地区，为中华文明的传播和当地文化的发展做出了贡献。近代以来，因为新学、西学的加盟，书院又成为连接中西文化的桥梁。

进入21世纪，书院走出20世纪近百年的低谷期，大步迈上复兴之路。在书院制度开始重回体制的当下，我们呼唤书院精神的回归。除了学术独立、自动研究、人性修养、学行并重、尊严师道、师生情笃等之外，我们还要特别强调两点：一是文化的自觉、自信与担当。我们要有"传斯道以济斯民"的襟怀，以发扬光大民族优秀文化为己任。在新的形势下，再次践行宋儒的伟大抱负：为天地立心，为生民立命，为往圣继绝学，为万世开太平。二是保持开放之势的同时，善待传统，既吐故纳新，又温故知新。我们应坚持传统与现代并重，既取欧美西学之长处，又重视传统经典，善用中学之精华。与时俱进，由古开新，此则正是书院制度千年常新的原因所在。如此，始能传承书院积累、研究、创新与传播文化的永续活力，建立起新的文化自信，屹立于世界民族文化之林。

我期待，《古书院物语》跃然纸上的青春活力，能够吸引读者用心来品读、品味书院文化的无穷魅力，并进而激活其古书院情怀，投身书院建设或研究，形成更长更久的另一种形式的代际传承，让书院这一文化瑰宝在新时代闪耀更加绚丽的光彩！

是为序。

邓洪波于长沙尖山洞见精舍

（湖南大学岳麓书院教授，中国书院研究中心主任、中国书院学会副会长）

序二

  书院，于我这个在湖南大学学习、工作25年的人来说有着多种意义与关联性。湖大的校址发源于岳麓书院，其近代大学教育亦发源于此。书院是每一个湖大师生心中的圣地，是学术也是精神的圣地。从专业角度来说，近代湖大的校园规划即是以书院（一院）、二院（刘敦桢先生设计）再逐步拓展至科学馆、工程馆、图书馆，柳士英先生以同心圆理念规划湖大校园，但中心始终是岳麓书院及其周边环境。求学时，常翻阅杨慎初老先生的著作，受黄善言老先生指导我们进行古建筑测绘，听柳肃先生讲解书院修复的过程，看学生们在书院背书朗诵，爬岳麓山也经常先在书院转一圈再自后门登山。书院就是一方净土，一个在湖大学习的心灵家园。工作后，因为编著《营造》《从岳麓书院到湖南大学》，多次赴书院探寻相关资料和拍摄照片，随之有了新的感悟，学术上有了些许心得。过去岳麓书院位于长沙河西郊野，这就产生了读书之处与城市之间的空间关联；书院与山水和周边环境之间存在着并置、交融、隔离、互通等空间关系；书院内部空间又与风、雨、阳光等自然要素和讲学、习学、斋舍、游憩空间等功能要素高度符合，同时还与传统古建筑、园林建筑、造园技艺、祭祀建筑、孔庙、文化设施息息相关，这些交融一体的因素使中国古书院非常值得研究。

  三位青年"建筑师"——李桃、田欣、饶敏，遂对此开展研究，难得的是，她们专业不同但目标一致，毕业后轨迹不同但合作无间，快速高效的社会节奏下仍存有对传统书院静谧空间的一份向往，难能可贵。读了《古书院物语》一书受益良多：一方面我虽读过一些关于书院建筑的著作，但以图解方式表达似乎第一次见，其本身更符合建筑学特有的图示语言属性，同时手绘线条包含的情感恰与书院的种种人文精神契合一体，读下来十分受用；另一方面我并非专门研究书院的学者，除岳麓书院较为熟悉外，部分书院尚未有缘探访，在这本著作中见识和了解了其他知名书院的精妙之处，既有书院建筑的相同特征，也有先人依据每个地方不同环境、气候和文化，在规划和建筑上的营造智慧，手绘图中的摩崖、溪水、泮池、丹桂、柏树、门扇，都让我领略到了书院这一古时读书人求学空间载体的美妙。该书遵循着文化、规划、园林、建筑的研究脉络，层层递进，图文并茂，辅以五大书院的案例，论据翔实充分。对于希望了解和认知书院建筑的爱好者，这是一本极好的参考书和赏析读物。

  在今天来看，书院在学术上有什么新的思考？书院的最大价值并非建筑本体设计和构件大样，比起那些文物中的官式古建筑和大型寺庙，大部分书院建筑都是在近现代逐步复原的，而且从建筑自身形制和规格而言，很难说书院建筑的单体有多么了不起。书院最难得的是以墙体、廊道、漏窗、古树、建筑与地形、气候、文化等相结合，为读书人的读书行为塑造的那一份独有的气质。

因工作关系，我近期参与了岳麓书院一片墙的改造，使用者希望以一片墙拓展出一窄条房间，从外立面看还是一片墙，似无大碍。但论证过程中，围墙对书院空间和书院气质的潜在影响却并非立面不变那么简单。我深感对中国古书院的研究在目前的基础上，还应该在影响书院独有气质的建筑构成要素的研究上更深一步，避免将书院和大型寺庙、士大夫园林宅院混为一谈，由此我认为书院建筑体现的那份读书人的高贵、习学的秩序、建筑符号和色彩上的淡泊、园林景观上隆重与简单之间的拿捏才是书院建筑的精髓。我又想到，在当今社会书院建筑的研究对校园教育建筑理论研究的启发和价值是什么？不同的教育建筑类型和规模，有着完全不同的需求和标准，但其内核是一致的，都是传授知识、探究问题、交流观点，如同古书院中的讲堂、斋舍、园林一般，异质而同构。

一部好书能够让人了解新的知识，而这本《古书院物语》还能让人感受"风声雨声读书声声声入耳"的习学氛围，付梓出版，实为幸事。

宋明星

（湖南大学副教授、博士生导师）

序三

　　十七年前我在长沙理工大学学建筑设计时，我的高中同学周国徽刚好在湖南大学念同样的专业。我很羡慕国徽同学的学习环境，他们学校的教学楼和居民住宅挤在鳞次栉比的闹市里，生活气息浓郁，学生们也特别自信热情。湖大号称千年学府，岳麓书院就是其前身。岳麓书院是长沙的名胜，每天接待国内外游客无数，书院大门的门槛每两年需更新一段，定期维护。

　　大一下学期一天，国徽邀我到湖大参加安藤忠雄七点半在岳麓书院举行的讲座。安藤是日本建筑大师，在建筑系学生心中的地位神圣无比，能看到活着的大师，天上就是下刀子也得过去。我满怀激动地跑到岳麓书院，和国徽一起挤进人潮汹涌的学生当中，要一睹大师风范。学生们把场地挤得水泄不通，连廊上、栏杆边、草地上都是人。安藤端坐在当年朱张讲学的地方用日语讲述自己的作品，台下爆满的观众鸦雀无声，大家听得津津有味。

　　这次夜听大师讲座的经历是我人生中一笔不可多得的财富。安藤在这座拥有千年历史的中国书院中进行的一场跨越文化的建筑学术交流，复燃了其最初的传道交流的核心功能。

　　在古代，我国的高等教育以书院的形式开展，学子们在这里"学成文武艺，货与帝王家"。如今书院传道授业解惑的作用已退出历史舞台，但其作为古典建筑代表，仍传承着我国古代人民的智慧和璀璨文明。

　　三位青年建筑师——李桃、田欣、饶敏本是同窗好友，毕业后对古代书院的研究热情不退。在工作之余，她们耗时三年，撰得《古书院物语》一书，其勤奋与学识令人钦佩。此书以岳麓书院等五大书院为主要研究对象，对书院的文化、布局、形态等进行解读。三人多次从天南海北前往湖南、江西、河南等地进行实地调研、测绘。通过250余幅的手绘图对书院建筑、园林形态及其形成机制进行剖析，颇有"图说古书院"的意味。

　　本书共分六章，前两章介绍成书的背景，继而分析古代书院文韵基石——天人合一的宇宙观、物我一体的自然观和阴阳有序的环境观。从第三章开始进入正题，讲述书院的规划形布局，有依山傍水、中轴对称注重礼教秩序的，还有因地制宜自由布局等，每座都各具特色。而后，第四章由宏观到具象，介绍书院园林打造的八大手法。

这些知识，使人在游览古代园林时对各种人造美景有了更加理性的认知。随后进入本书的精华部分——第五章建筑形解构，这一章从十个方面详细介绍书院建筑的各种构造，从屋顶形式、檩条桁梁，再到门头牌坊、雕饰白墙，还有讲堂、藏书楼、先贤殿、师生舍房等。且不说这些清晰明了的类别，单是数百张精心绘制的钢笔速写，就让人有"买到就是赚到"的愉悦感。建筑系学生都有速写古建的传统，在书中便找图进行临摹就能很好地锻炼笔头功夫，同时领会书院丰富的空间和优美的木构细节。第六章是对五大书院的考察整理，作者通过笔尖在书本上把书院由里至外地绘制在读者的眼前，令人有身临其境之感。

读万卷书，行万里路，建筑师的成长非走出去不可。建筑是围护结构形制，给人提供庇护的空间是其核心，只有亲临其中才能体会到它们的精神世界。如今各地政府都开始重视这些历史建筑的保护传承，我们也有幸进入这些古书院参观。感谢三位年轻的作者，饶有趣味地把各地书院整理总结成册，让心怀情结的读者们找到了指路明灯。

回想起来，"青年建筑"与作者团队早在四年前开始结缘，我们公众号曾发表过本书部分章节，之后就有几家出版社联系作者沟通出书事宜，最终选择由值得信赖的机械工业出版社付梓。如今，在图书馆里或是某位建筑学子手上多出这本《古书院物语》，作为牵线平台媒体的"青年建筑"也倍感荣幸。

最后，就个人而言，当我看完这部书的时候，仿佛有道光一下子把我拉回到十七年前那个看见安藤时激动人心的晚上，犹如昨日，内心的激动久久无法平息。

王绍光

（"青年建筑"公众号副主编、国家一级注册建筑师）

前言

年少时期二三好友曾求学于长沙六七载有余，栖身于文气浸染的岳麓山中，被岳麓书院的文化氛围所折服。研究生求学时期，李桃所在的王小保导师团队，专攻园林设计且非常重视学生对于传统园林文化的学习。本书画稿源于李桃研究生学习时期的第一个测评作业——手绘岳麓书院考察笔记。因其自小习画所积累的美术功底和早年庐山手绘特训的经历故负责本书的绘画部分。田欣所在的研究生组张卫导师团队，师从岳麓书院修复工作主导者杨慎初先生，继杨先生之后，柳肃教授承担起修复岳麓书院的重任，又因选修柳教授的"中国古建筑"课程，耳濡目染深感书院建筑之美与岳麓书院的渊源因柳教授开始，故承担本书的文字撰写。本书的策划饶敏，师承中国字体设计教授李少波，求学期间专注于中国非物质文化遗产在当今社会的品牌形象推广和文化传播，后因就职于地产公司，与中国建筑文化结下不解之缘。她对于书籍的定位和考察期间的记录是促成本书从想法到出版的重要原因之一。三位挚友对中国古建筑园林艺术的喜爱一步一步推动本书最终成形。在撰写本书期间，听闻韩国儒家9家书院再次联合申请世界文化遗产（2015年曾申请一次，但后来主动放弃），并于2019年申请成功，得知该消息我们在欣喜之余不免有些惭愧和惋惜。欣喜的是书院建筑将会受到更好的保护，其文物价值与文化价值都会得到更好的发扬。惋惜的是中国书院作为起源，不论是在历史上的成就还是给后世带来的影响都更为突出，但由于种种原因申请世界文化遗产的项目久未推动。希望通过本书对于书院之美的画稿以及文字的阐述能让大众更加了解传统文化的价值，重扬文气之风。

书院记录了诗书中国，它独立于官学体系之外，千年弦歌，遍及华夏大地。如《全唐诗》中卢纶在《同耿拾遗春中题第四郎新修书院》言：

得接西园会，多因野性同。引藤连树影，移石间花丛。学就晨昏外，欢生礼乐中。春游随墨客，夜缩伴潜公。散袠灯惊燕，开帘月带风。朝朝在门下，自与五侯通。

《全唐诗》中所提及的书院，门下学生，晨起至昏，游学文人，礼乐融融，这些都证明在当时的书院已经开始教学生活。其中"得接西园会，多因野性同"描述的是志趣相投的求学文人齐聚一堂，伴着月光论诗习文交流学术。当今学者也有不少对于书院起源的著作论述，如湖南大学岳麓书院教授邓洪波在《中国书院史》中所言，书院是新生于唐代的中国士人的文化教育组织，它源自民间和官府。书籍大量流通于社会之后，数量不断增长的读书人围绕它开展包括藏书、校书、修书、著书、刻书、读书、教书等活动。

书院之美，美在历代人文的积累。本书得以成形，离不开古今学者士大夫们的著书立作。《中国书院史》是一本研究书院的"百科全书"，它详细论述了书院的由来、沿革以及针对全国范围内书院布局的总论。而朱汉民主编的《中国书院》中第八辑分为"书院改制""书院教育""书院文化""海外书院研究""书院规制研究""书院与社会"六个专题收集相关论文。最近新出的"中国书院文化建设丛书"由邓洪波教授主编，分别介绍书院历史、教育、建筑、经费、精神。针对书院个案，也有书院研究者们的详略导论引路。一如杨慎初等撰写的《岳麓书院史略》，书中全面梳理并研究历史、沿革、制学及对今人的影响等方面。又如由重修石鼓书院的郭建衡、郭幸君撰写的《石鼓书院》，不仅深刻地描述了石鼓的由来及其历史故事，还生动地还原了书院重修的过程，实属一本不可多得的珍本。再如王立斌主编的《书院纵横》，通过人物、论坛、史话、随笔、札记、建筑、创新、书画八大块内容全面介绍书院的各类特色。此书架起了当代书院与传统书院的桥梁。另还有吴国富、黎华编著的《白鹿洞书院》，图文并茂地对书院的历史沿革、教学管理、制度特色、建筑风格、碑刻诗赋以及历代名人等内容都进行了详细的记述。

书院之美，美在建筑。书院建筑及规划，首推湖南大学建筑系的杨慎初老先生，由他撰写的《中国建筑艺术全集10：书院建筑》以全国各地书院为例，分别从布局、建筑类型、装饰方面来论述。又如他的另一本专著《中国书院文化与建筑》，从书院的建筑文化特色、建筑特征、建筑保护层面介绍了书院建筑的情况。书院个案研究方面，杨先生等所编写的《岳麓书院建筑与文化》记录了岳麓书院的建筑规划、工程施工图以及历史图片资料，本书的画稿也有些许取自此书的建筑结构图例。孙仲萍、丁晓青的《当湖书院建筑构成的古典美研究》主要从建筑构成中礼仪与序的表达、借景与融景的运用以及建筑结构含蓄内敛的处理手法等三个方面呈现了上海嘉定当湖书院的建筑意蕴。他们认为中国古代社会儒学"礼""仁""乐"的思想决定了书院的建筑风格、造型手法及功能布局。袁恩培、陈中对岳麓书院建筑雕饰的关注，揭示了建筑雕饰艺术中求吉纳祥、敦儒促教和镇宅挡灾的三大意象主题以及背后蕴含的儒释道等古典审美观念。

书院之美，美在园林。书院景观方面，曾孝明的《湖湘书院景观空间研究》对湖湘书院的景观构成要素、基址选择、书院建筑风格、书院景观空间及其特征等问题进行了探讨。董睿的《巴蜀书院园林艺术探析》认为巴蜀书院园林深受"士文化"审美思想以及巴蜀园林派别古雅清旷、乡情飘逸风格的双重影响，造就了巴蜀书院园林清丽幽雅、朴野灵动、乡情浓郁的艺术特征，形成了其固有的选址观。

对于古建的考察首推考察游记类，这也是自梁思成先生开始记录考察并传播古建筑的一类文献整理方法。以书院为代表的游记不多，可查的有太原理工大学的《山西书院建筑的调查与实例分析》，好在有《图像中国建筑史》等前人考察古建筑专著的珠玉在侧。

在众多研究书院建筑的分支中不仅有国内学者们的成果，还有英语世界的汉学家们反向研究的身影。对书院建筑体系的研究典型的有《岳麓书院：理学教育与风景园林》（*Yuelu Academy：Landscape and Gardens of Neo-Confucian Pedagogy*）。从书院择址、布局、园林、建筑风格、结构艺术等形制方面对书院进行探讨，他们论证书院园林景观渗透着理学教育思想。元代书院山水景观体现着中国文化记忆和理学学术思想，书院建筑景观成为书院学术思想和社会文化的表现形式。英语世界对韩国书院选址、空间布局、园林植物等建筑特点的研究，推动了韩国书院研究国际化进程。最为典型的代表是李相海的著作《韩国私立书院建筑》（*Seowon：The Architecture of Korea's Private Academies*），介绍了韩国书院的建筑结构和文化特色。李相海也是积极推动儒家书院申遗的学者之一。

本书从欣赏书院之美视角出发，对五大书院即岳麓书院、应天府书院、白鹿洞书院、嵩阳书院、石鼓书院，进行规划、建筑、园林与文化的研究与剖析。基于前人对书院建筑大类的研究，梳理一套学习以及了解书院规划、建筑结构与园林景观的方法论并辅以图解的方式来呈现。第六章的成文借鉴古建筑考察记略的形式来总结每个书院考察最直观的感受。本书探讨的是书院建筑作为文人建筑其独到文化气质的描绘。编成此书的目的想来有三：第一，传承书院这一独特建筑类型的建筑文化。第二，通过手绘图辅以文字解说普及书院文化。第三，在前两点的基础上，希望引起海内外华夏子孙对中华民族建筑文化的认知和关注。

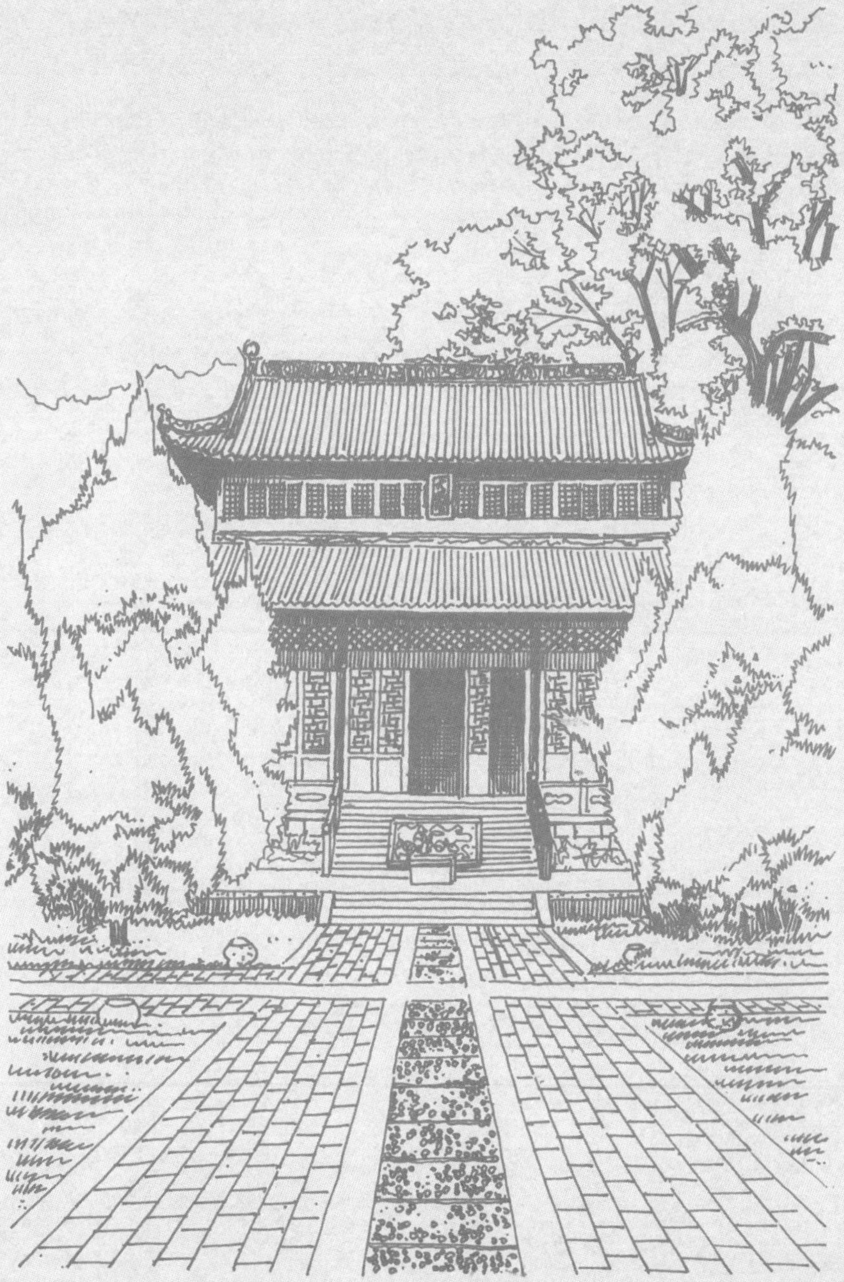

第六节 方圆之间，看与被看 60

第七节 俯仰生姿，起伏有序 64

第八节 虚实相生，若隐若现 68

第五章 建筑形解构 72

第一节 如鸟之警，栋宇峻起 74

第二节 梁架和桁，承托屋顶 79

第三节 门头牌坊，初现书院 84

第四节 墙之内外，分割空间 88

第五节 民俗雕饰，源远流长 91

第六节 讲堂为尊，传道授业 95

第七节 藏书于阁，传承文化 99

第八节 学院先贤，德育后辈 103

第九节 师生之舍，日常居所 108

第十节 构造艺术，形制之美 112

第六章 考察篇 115

第一节 岳麓书院 116

第二节 石鼓书院 138

第三节 应天府书院 153

第四节 白鹿洞书院 169

第五节 嵩阳书院 192

参考文献 210

后记 211

目录

序一
序二
序三
前言

第一章 书院巡礼 1

第二章 书院之基石 8
第一节 宇宙观、自然观、环境观 9
第二节 与山水比德，与自然共鸣的文士思想 11
第三节 汲取天地之灵气，成世间之人才的风水思想 13
第四节 官学、宗教、民俗文化的相互交叠 16

第三章 规划形布局 17
第一节 居山水为上，择胜地而居 18
第二节 半依城市半郊原 22
第三节 以院落式的合院模式为组成元素 23
第四节 体现礼制思想的中轴对称布局 27
第五节 依山就势的自由式布局 32
第六节 疏密得当，建筑与园林相辅相成的混合式布局 35

第四章 园林形解析 38
第一节 堆山叠石，咫尺山林 39
第二节 庭院理水，文士之好 42
第三节 寄情花木，借景抒情 48
第四节 亭廊设施，点缀风景 55
第五节 蜿蜒曲径，引人入胜 58

桃坞烘霞 ①

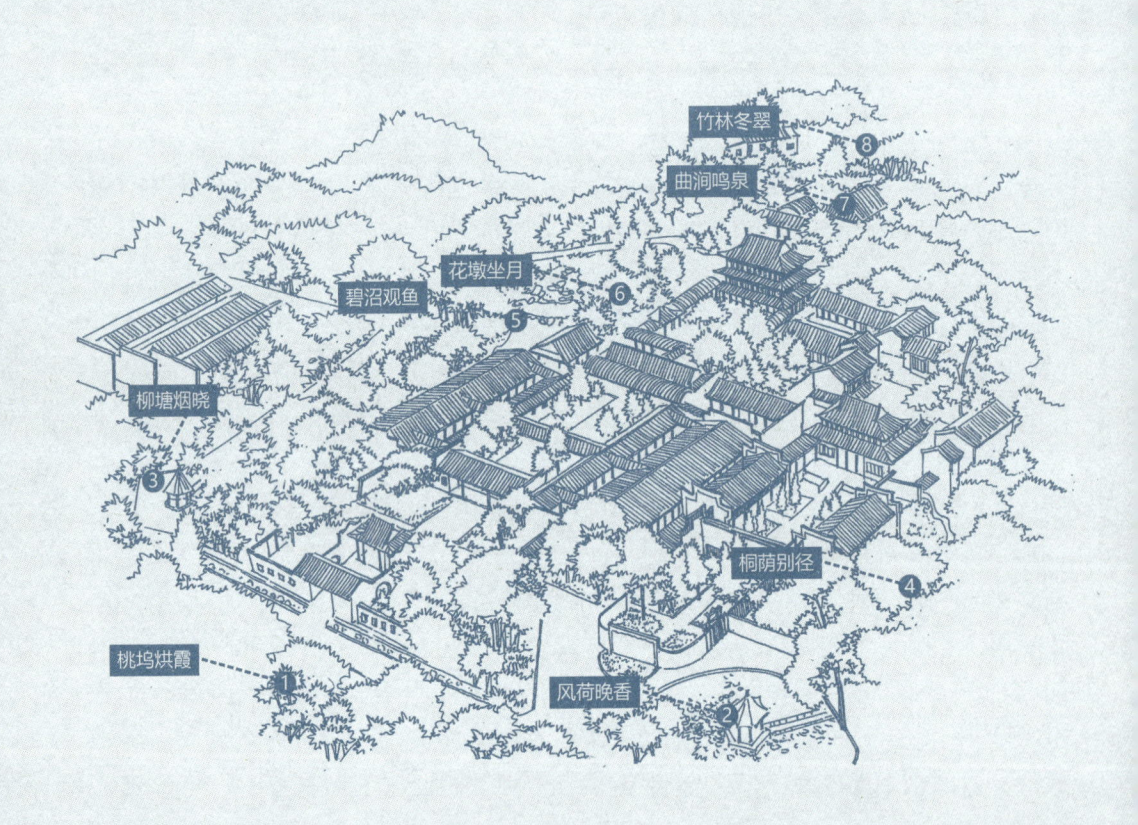

柳塘烟晓 ③

碧沼观鱼

花墩坐月

风荷晚香 ②

桐荫别径 ④

曲涧鸣泉

竹林冬翠 ⑧

第一章

书院巡礼

书院	位置	重要历史沿革	保护等级
岳麓书院	湖南省长沙市岳麓区岳麓山东麓	● 宋开宝九年（976）潭州知州朱洞正式创建； ● 与白鹿洞、应天府、嵩阳齐名，人称"宋初四大书院"； ● 清康熙二十六年（1687）、乾隆九年（1744），皇帝分赐"学达性天""道南正脉"牌匾彰显书院地位之圣； ● 1903年改为湖南高等大学堂。几经演变，成为今日湖南大学历史最悠久的部分	1989年列为全国重点文物保护单位
石鼓书院	湖南省衡阳市城北蒸水、湘江、耒水汇合处的石鼓山	● 唐元和三年（808）李宽中秀才书院创立，开始称为读书堂，后改名为书院； ● 宋淳熙十四年（1187），朱熹著《石鼓书院记》，使得石鼓书院成为湖湘学派的传播之地； ● 与岳麓、白鹿洞、应天府齐名，人称"宋初四大书院"	2011年列为湖南省文物保护单位
白鹿洞书院	江西省九江市庐山五老峰南麓	● 唐贞元年间（785—805）李渤隐居在五老峰下，读书自得，养一白鹿，人称白鹿先生，其地称为白鹿洞； ● 宋太平兴国二年（977）宋太宗赵光义赐国子监九经，至此白鹿洞书院进入一个新的历史进程； ● 清顺治十年（1653）巡抚蔡士英重修院舍，与鹅湖、友教、白鹭洲并称"江西清代四大书院"	1988年列为全国重点文物保护单位
嵩阳书院	河南省登封市北嵩山南麓	● 宋景祐二年（1035）宋仁宗命官员重修太室书院，并改名"嵩阳"； ● 清康熙十三年（1674），将汉将军柏圈入院内，扩充书院建筑； ● 清末学制改革，曾于光绪三十一年（1905）改为高等小学堂，1924年改为嵩阳中学	1961年列为河南省文物保护单位； 2010年与坐落在嵩山腹地的历史建筑群一同被列为世界文化遗产
应天府书院	河南省商丘市睢阳区商丘古城南湖畔	● 应天府书院前身为睢阳学舍，为五代后晋时商丘人杨悫创办； ● 宋大中祥符二年（1009），宋真宗改升应天书院为府学，称为"应天府书院"，并正式赐额"应天府书院"； ● 宋庆历三年（1043），应天府书院改升为"南京国子监"，成为北宋最高学府，同时也成为中国古代书院中唯一一座升级为国子监的书院	1989年列为全国重点文物保护单位
东林书院	江苏省无锡市城东	● 为"龟山先生"理学家杨时创建，曾在佛教名地东林寺游览，故以"东林"为名； ● 明万历三十二年（1604），院中同志奉顾宪成"风声雨声读书声声声入耳，家事国事天下事事事关心"之训，指陈时弊，书院既是教育学术中心又是政治舆论中心； ● 崇祯元年（1628）东林党冤案平反，书院重建	1956年列为江苏省文物保护单位； 2006年入选全国重点文物保护单位

（续）

书院	位置	重要历史沿革	保护等级
东坡书院	海南省儋州市中和镇	● 为纪念宋代名臣苏轼而建设，由载酒堂扩建而成，史载缘于苏轼与当地官绅的一次载酒问字的学术活动，建成后往来不断； ● 明代儋州知州陈荣扩建院舍，书院规模更趋完备； ● 中华民国时期，书院扩建为东坡公园	1996年列为全国重点文物保护单位
五峰书院	浙江省永康市方岩镇寿山之麓	● 宋乾道八年（1173）起，知名学者于山中讲学，成为理学名区。朱熹手书"兜率台"三字至今尚存； ● 明嘉靖十五年（1536）院舍落成，正式命名为五峰书院； ● 1959年改名为永康师范学校	1997年列为浙江省文物保护单位； 1999年开辟"书院与中国文化"主题展览馆，展示书院的文化功能

天下四大书院之说始于南宋，何为"四大书院"在不同时期略有差异。以宋遗民编纂的《文献通考》为例，卷四十六《学校考》中的"天下四大书院"为白鹿洞书院、石鼓书院、应天府书院、岳麓书院。但是到了卷六十三《职官考》，其"宋初四大书院"所列名单又改作白鹿洞、嵩阳、岳麓、应天府。为何有如此转变在书中并未交代，其原因也很难推究。从文意中可以推出应天府书院、岳麓书院、白鹿洞书院三大书院并无争议，有争议的是嵩阳书院与石鼓书院。本书折中，为顾全面，选取了"四大书院"两种说法的并集。虽为"四大书院"，实则"五大书院"。

岳麓书院（图1-1）：以山得名，岳麓山海拔约300米，是南岳衡山七十二峰之一，以"泉涧盘绕，诸峰叠秀"著称，毗邻湘江而林深泉涌，倚靠城市故交通便利，具有得天独厚的自然地理环境。同时还位于现湖南大学的校园之中，隶属湖大管理，为四大书院之首。岳麓书院传承千年，历史上曾多次扩建。据《重修岳麓书院记》中记载，最后一次大规模修建为清同治七年（1868），由巡抚刘崐主持。其中提到"凡院之门堂斋舍，院内外以及岳麓峰之寺庙、殿庑、楼台亭阁。因旧制而修复者十之五；新建者十之二；或增或改者十之三，共费钱六万缗"。而最近的一次大范围修复工作主要是在1979年政府拨款全面修复书院时开始的。1981年根据指示要"结合湖南大学的发展，统一规划，并尽可能地恢复历史原貌；修复和使用，要反映'千年学府'

的特点；应对外开放，供国内群众参观、学习和游览。"湖南大学遂组织专门力量，建立研究和修复机构，自1982年开始进行全面的研究和规划工作。以书院主体建筑为核心，按其讲学、藏书及祭祀的功能决定基本形制。值得一提的是经多方考究当时并未完全恢复原貌，例如不属于书院规制且会影响书院整体空间的清代文昌阁。

图1-1 岳麓书院

石鼓书院（图1-2）：与岳麓书院相同，亦是以山得名。它坐落在湖南衡阳城北蒸、湘二水合流处的石鼓山，三面临江，四面凭虚。由于洪水冲击和风霜雨雪侵蚀，加之朝代更迭战火波及，书院建筑多有损坏。最近一次大规模的重修始于2007年，由衡阳市政府政民同心各界捐资而成。衡阳市重修石鼓书院有三个原则：要恢复石鼓书院的历史面貌，要按原状恢复院舍建筑，要按照清朝时期的书院建制修复。但由于场地空间的限制，不得不将原位于合江亭和大观楼之间仰高楼的功能移动到大观楼上作简单的局部复原。

白鹿洞书院（图1-3）：位于庐山五老峰东南，今江西省九江市庐山境内。与前两者不同，白鹿洞书院名源唐朝在此隐居的书生李渤，他曾饲养一只白鹿，性情温顺，能听从驱使，被称为"神鹿"，而李渤也被称为"白鹿先生"，书院之名由此而来。与其他书院相同的是，即使历代修复也终究难免战火摧残。书院虽偶有整修，但终又日益颓坏，中华人民共和国成立以来，地方政府修缮了东、西碑廊。而后又恢复了礼圣殿、礼圣门、彝伦堂（明伦堂）、御书阁及其他屋舍。书院周围有近3000亩自然保护林区，与书院共同构成一个整体。

图 1-2　石鼓书院

图 1-3　白鹿洞书院

应天府书院（图1-4）：前身为睢阳学舍，在其旧址复建。后又加封为南京国子监，地位高于一般书院。正如元代吴澄所言："予考前代义塾之设，睢阳为首称。"2003年河南省政府批准应天府书院在宋代原址附近进行修复。修复工程委托河南大学古建筑研究院设计，整个书院布局由南向北依次为影壁、牌楼、大门及东西侧门、前讲堂及东西侧门、明伦堂及东西配房、藏书楼及东西侧门、馔堂、教官宅、崇圣殿、东西偏房、魁星楼及东西廊房。2004年2月应天府书院修复工程开始一期工程建设；2005年底主体工程崇圣殿竣工；2006年应天府书院的大门、围墙、道路等工程完成；2009年8月应天府书院二期工程开建，主要是针对讲堂等的复原工程。

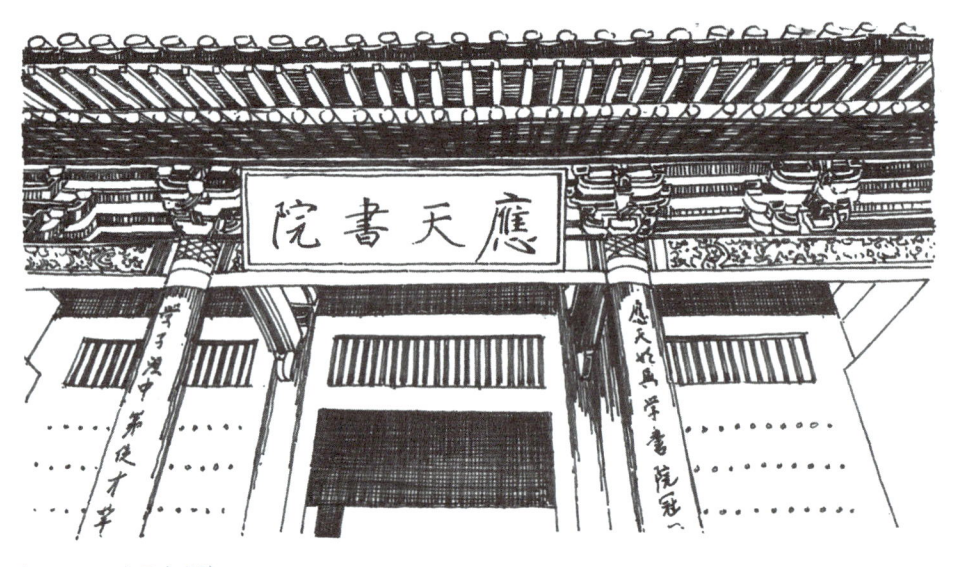

图1-4 应天府书院

嵩阳书院（图1-5）：前身为北魏孝文帝太和八年（484）所建的嵩阳寺，为佛教之地。隋炀帝大业年间（605—618）更名为嵩阳观。书院始建于五代后周时期，至北宋发展鼎盛。清康熙十六年（1677）至二十八年（1689）间，建三贤祠、辅仁居三间，博约斋五间，观善堂三间，道统祠、敬义斋五间，丽泽堂，叠石溪旁建造川上亭、崇儒祠三间，并在七星泉旁建先师殿天光云影亭、观澜亭各一座，书院的基本形制保留至今。

图 1-5 嵩阳书院

第二章

书院之基石

第一节　宇宙观、自然观、环境观

相地是我国古代园林造园之初的第一道工序，指的是勘测与选择建园地址。古书有云"择胜地，立精舍，以为群居读书之所"，先辈们开山立院，尤为注重书院园址的选择。无论是大隐于城市之间，还是小隐于名山大川，古代书院的规划选址、建筑环境塑造、园林景观布局都强烈折射出了天人合一、推崇自然以及阴阳有序的思想，同时因造园主体的文人素质、礼乐文化的渗透以及官僚资本的加入，使得书院又带有官学、寺庙以及宗教思想文化的特点。

天人合一的宇宙观指的是并生天地、物我唯一、人与天和谐共存（图2-1）。人类依据天地之间的固有规律去适应自然，顺其原则去改变自然。而非站在征服者的至高地位对自然随意改造，予取予求。"自然"一词包括"自"和"然"两个部分，分别指的是人类自身部分和周围世界的物质部分。

物我一体的自然观意指人类及花、草、虫、鱼、山、水、石、土等都属于物质世界这一体系。一切自然要素与人都是处于同等的地位、同样的层次，基于这样的中国文化自然观，逐渐形成了人与自然和谐相处的思维基础，也逐步削弱了人作为主体属性应有的责任和义务。历代书院对选址极为讲究，多选择背山面水，左右山林环抱。强调师法自然，依山就势，前卑后高，层层叠进，错落有致。岳麓书院、白鹿洞书院以及嵩阳书院的选址都体现了该原则。它们现在都已成为著名的景区，体现的不仅是其文化景观的价值，也是对其选址的自然景观价值的肯定。

人与外部环境是一个整体，人体本身具有统一性

| 图2-1　天人合一的宇宙观

阴阳有序的环境观自古以来也是选址布局的重要考量因素。我国古代以农立国，依自然而生存。将天地、日月、昼夜、阴晴等概括为阴阳系列，这体现了对立而又相互转化的矛盾特点。到了商周时期发展为易经中的乾坤、泰否、剥复、损益概念，而后在老子《道德经》一书中便明确为"万物负阴而抱阳"。上至远古时期，下至明清时代，不同的学派思潮不断地诠释和发展阴阳的观念。例如战国时期的阴阳家糅合了五行说及五行相生相克的理论，形成了

十分庞杂的阴阳学说体系。阴阳说中有序、变化的主题思想也同样影响了中国几千年建筑布局的发展，其明显特点就表现在建筑选址中的阴阳和有序。

老子《道德经》中有指出："道生一、一生二，二生三，三生万物。万物负阴而抱阳，冲气以为和。"所谓"负阴而抱阳"，揭示的是矛盾的普遍性原理，世间万事万物都具有矛盾。

负阴而抱阳的思想也同样体现在建筑的方向性上。基于上古时期的太阳崇拜而形成的方位观，根据日出日落的自然现象认定了方位是有主次之分的。例如战国以前大量的王侯墓葬的布局，又或者是后世某些少数民族殿堂庙宇的规划始终都以东向即日出方向作为其主要的轴线。

朝向在古代建筑中有着特殊的含义，正南正北是权力和尊严的体现，它来源于风水理念。我国古代民宅在相地建造中多以磁罗盘相助，依据地理子午线和地磁子午线测量方向。但是，这两条线之间存在一个偏角，且负阴抱阳的思想还关注环境中的山与水的位置，故有了背山面水这一选址方案。例如我国南方的村落民居，形成了自己的理想建造模式：枕山、环水、面屏、背水、面街，人家居其中（图2-2）。而书院选址亦是如此，枕巍巍麓山之岳麓书院，环湘江蒸水之石鼓书院（图2-3）以及三面环水的云山书院无不体现了这一特点（图2-4）。

图 2-2　负阴抱阳的山水示意图

| 图 2-3　环湘江蒸水之石鼓书院

| 图 2-4　三面环水的云山书院

第二节　与山水比德，与自然共鸣的文士思想

"隐，与山水比德；怡，与自然共鸣"。游山玩水是士人隐逸生活中诗情雅致的一部分，这就使得山水文化成为隐逸文化中的重要内容（图2-5，图2-6）。汉代董仲舒进一步在《春秋繁露·山川颂》一书中把这种思想解释成为"比德"说。"比德"学说认为自然山水与人的精神品质以相类似的结构形式组成，从而达到人与自然的和谐统一。所以借助山水人可以获得精神上的共鸣，从而助益人自身的完善。因名山大川静谧雅致，鸟语花香，文人多偏好选择其作为理想的求知场所来肃其心志，净其耳目，借优美的环境达到洗涤心灵和升华思想的目的。正所谓山水本无情，人至其中，无情亦有情。如湘潭胡氏

父子陶醉于隐山碧泉池的景色，带领弟子开荒草，植松竹，结庐舍修建碧泉书院，并以此作为心性修养之地。

图 2-5 陶渊明——隐逸文化的代表人物

图 2-6 游山玩水是士人隐逸生活中重要的行为模式

另外"居山水为上，择胜地而学"让人在环境中感到人与自然的和谐统一，可达到"重人""传道"的目的，这体现了书院"通天地人之谓才"的教学育才思想。例如坐落于衡阳石鼓山侧的石鼓书院三面环水，借山水胜景得益自身，以此通天、地、人三者成就所谓"人才"。又如朱熹的一生就曾请辞60余次，最终选择在武夷山生活、教学、写作近50年（图2-7）。于士人来说，隐逸在山水之间、潜心学术研究是调和入世及出世最好的排解方式。他们从独自读书领略山水风光到聚众讲学，而后逐渐创建书院传道授业，正是这种文士思想才造就了千百年来深山之麓的"风声雨声读书声"生生不息。

图2-7 坐落于武夷山中大隐屏峰的朱熹书院

第三节 汲取天地之灵气，成世间之人才的风水思想

自古以来，建筑的选址对自然环境的要求相对严苛，甚至在后世形成一套完整的建筑风水理论，时至今日仍影响中国的建筑文化。风水理论指的是中国文化先贤哲学中对"天人合一"的天道观思想的精神归依。风水思维的方法论，是中国人最为熟悉的"道法自然"和"阴阳"的思维方法。风水理论，无

论是先秦魏晋的堪舆家和形法家，亦或唐宋的形势宗、理气宗都大量吸收和发扬了哲学意义上的阴阳概念来论说风水。"阴阳"一词最早可以追溯到诗经的《大雅·公刘》一节。其中"既景乃冈，相其阴阳，观其流泉"一句则充分反映了风水学背后影射出的古代天文学、地理学和建筑学的理解。更难得的是，在风水阴阳学说中体现了对立统一的思辨精神。从强调"一阴一阳为之道"的《周易》到将阴阳作为"天地之大理"的《管子》，这些先贤的思想强调自然的法则，从而推动以山川自然为审美对象的山水美学发展日趋成熟，又反向促使讲究山水相会阴阳相济的风水学说进一步影响历朝建筑选址、形式、空间与布局。在《中国建筑与哲学》一书中将风水定义为："此为生者与死者之所处与宇宙气息中的地气取得和合的艺术"。古人认为只有充分汲取天地之间的灵气，才能更好地成就大才。而"阴阳五行说"以日常生活的金、木、水、火、土五种属性作为构成宇宙万物及各种自然现象变化的基础（图2-8）。它认为"文运"之兴需借助"木秀"，而水在"聚气"的同时"生木"，因此教育胜地离不开"木"和"水"两种元素，最当选择在山清水秀之地建造学府（图2-9）。无论是位于庐山五老峰下的白鹿洞书院，倚山而建、俯瞰湘江的岳麓书院，还是嵩山之南、双溪河北的嵩阳书院皆体现出山水阴阳的宗旨，传达中国自古以来起源于耕读，服务于官考科举，最后又归林隐退寄情于山水的哲学意趣。

| 图 2-8 五行元素图

图 2-9 选址在风景名胜区的书院

古代建园注重风水学的影响，因此书院对周边环境大多考究山川河流，因形就势。不管是"山屏水障""枕山襟水"还是"钟灵毓秀""藏青聚气"，无不体现了风水学在选址中的重要性。所谓"阳宅须教择地形，背山面水称人心"大抵也是如此。这种选址坐落于山水之间，强调"气""势"在书院选址中的作用与风水学说中"气""势""脉"之三要素相呼应（图2-10）。而左青龙右白虎，前朱雀后玄武在传统文化之中指建筑最好有所依靠。这些"山环水绕""藏风得水""居阳背阴"的选址特点使得书院从造园之初起便追求"天人合一"的境界，这与其他宫苑、庙宇园林、宅地不相为同，体现了自然朴素的特点。而这些特点既与"风水"学说相应，同时也达到了中国传统文化观念中"天人合一""天人相通"的至高境界。

图 2-10 "气""势"在书院选址中的应用

在书院景观的营造中，风水学择址的思想如张栻在《答朱元晦书》中所说："书院相对案山颇有形胜，屡为有力者睥睨作阴宅，昨披棘往来，四方环绕，大江横前，景趣在道乡、碧虚之间，方建亭其上以风雩名之，安得杖履来共登临也。"岳麓书院背靠岳麓山，面临湘江水，也一如石鼓书院位于石鼓山上，三水环绕，这些都体现了风水学对书院择址的影响。

第四节　官学、宗教、民俗文化的相互交叠

书院在长期历史进程中构建成了一种非官学但含有官学成分的教育机构。北宋初年兴建的石鼓书院、岳麓书院、嵩阳书院和白鹿洞书院均获得了官府支持，逐渐形成特定的布局形态。书院官学化具体体现在其办学形式由民办为主转向官办为主；办学目的也与官学趋同；教学内容也与官学相似。

同时，书院选址在名山圣地可以加强与佛、道的交往，这一点作为儒家理学阵地的湖湘书院显得尤为突出，例如选址于风景文化名胜地南岳尾峰岳麓山的岳麓书院。南岳作为我国的佛教圣地，其整个山系中寺观林立的同时也书院罗布，秀丽的自然景观和丰厚的人文景观相得益彰。这也使得书院与文士、宗教、寺庙文化相互影响融汇交织。如"改建书院之首"的嵩阳书院，由原嵩山上一所寺院改建而成，寺院本来选址就静谧优雅，远离尘世喧嚣。

另外，书院也受到了民俗文化的无形影响。书院文人以修习为志，追求儒家价值理想，虽身在世外桃源却也终非生活在纯粹洁净的理想世界中。而民俗传统观念具有深厚的社会心理基础，根深蒂固，例如风水学、祈祷祭祀、民间习俗等民俗文化。最凸显的表征就是原本不存在于书院的建筑也逐渐在书院中兴建起来。以民间习俗为例，岳麓书院赫曦台的出现是民俗文化显现的典型代表。

这三种力量在历史进程中相互交织、融汇，并在中国书院发展史中不断影响着其规划、建筑群体布局以及园林景观的设置。

第三章

规划形布局

第一节　居山水为上，择胜地而居

中国古代造园艺术讲究因地制宜，山水元素虽为书院选址之要素，然大千世界，形态各异。总体来说，无论具体的形制如何变化，书院建筑的整体规划布局都体现了前文所述的"负阴抱阳"这一中国古代建筑规划的重要思想。该思想最早可以追溯到《周易·说卦》"圣人南面而听天下，向明而治"。在城市营建的选址上，这一思想充分贯彻在中国古代各个尺度的建筑和城市营建实践之中。从以正南正北朝向体现权力和尊严的都城建筑，到城市营建中以"山南水北"作为天然的防御措施，均充分体现这一思想，也是理气派风水理念的主体内容。最初书院的选址多位于城市边缘，很容易受自然地形复杂多变的影响，想完全以坐北朝南理念来体现"负阴抱阳"思想在实践上更难操作，因此引申出"背山面水"的风水理念，也就是形式派风水理论。这种方式放宽了建筑群落在朝向上对正南正北的极致追求，将侧重点放在建筑群落和山水自然环境之间的组合和相互辉映上。不同的水文、地质、气象、岩土、人文形成了不同的山水环境，其组合构成的选址模式主要有以下几种（图3-1）。

背山面水　　三面环山，一面向水　　三面环水，一面背山　　依山傍水

图 3-1　四种选址模式示意

（1）背山面水　顾名思义，是指书院建筑群体背倚群山、面朝江河。这种背山面水的形式在风水中属吉形，背依雄山，山有龙脉，面临水域，有环抱流水之势。从现代科学的角度来分析：自然环境条件因其较为封闭的空间，形成良好的局部小气候和生态环境，也是风水学说中常说的聚气模式。嵩阳书院和平江的天岳书院（图3-2）及南湖书院（图3-3）都属于这种形式。

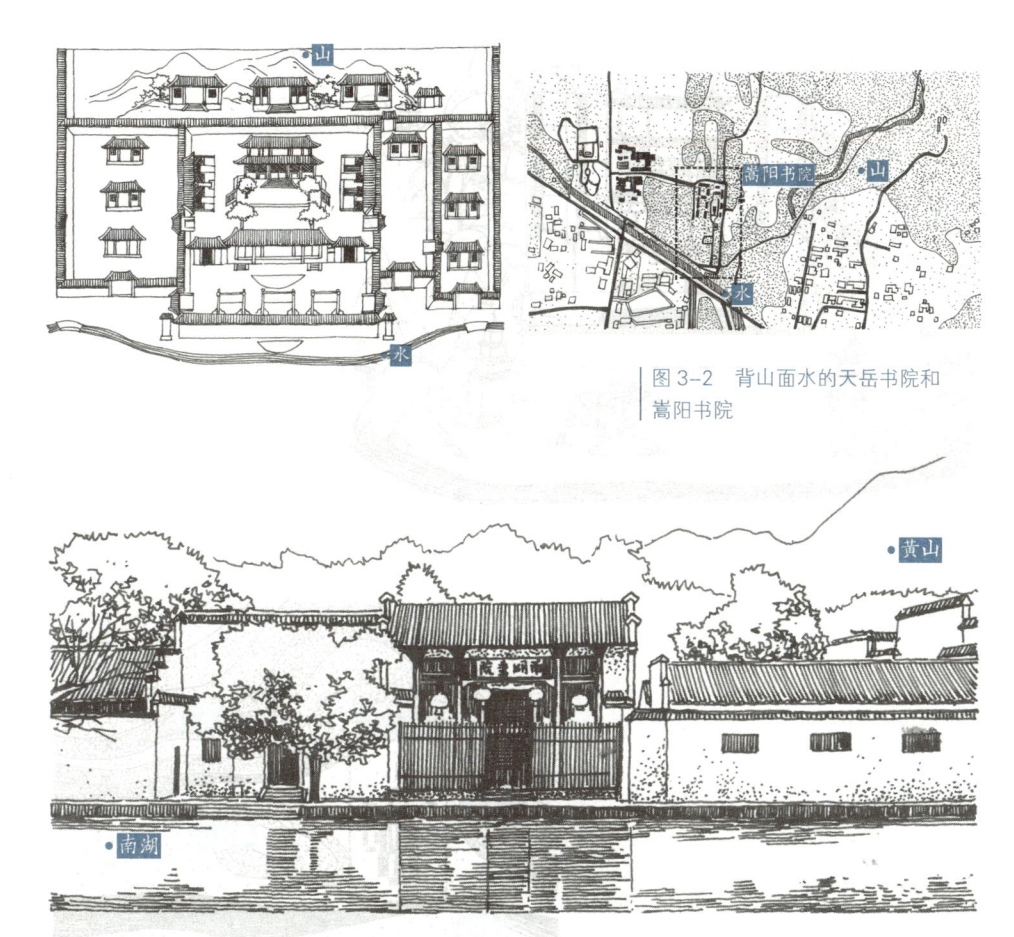

图 3-2　背山面水的天岳书院和嵩阳书院

图 3-3　背山面水的南湖书院

（2）三面环山，一面向水　此种模式与背山面水相近。这类建筑群体多建于山腰下部或者山脚，左右两边亦有山体相对，钟灵毓秀，藏精聚气，是风水学中最理想的外部环境（图3-4）。岳麓书院的选址便是很好地遵循了这一相地宗旨。书院位于岳麓山脚下，左右有天马、凤凰山阙然相对，面临湘江，与主城区隔江相望。形若天然门户，景深静谧，澹泊致远（图3-5）。这种地形负阴抱阳、聚气藏精，是风水学说中吉形的另一种表达形式，采用这种"山屏水障"模式的书院除岳麓书院，还有宁乡云山书院等。

（3）三面环水，一面背山　风水学说提及的"以山为骨架，以水为血脉"指的是以水为龙脉形成水抱之势，这种环境模式亦为吉形。这体现了"水

图 3-4 三面环山，一面向水的书院

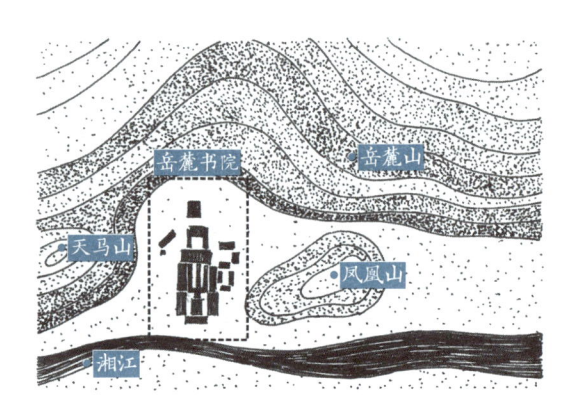

图 3-5 三面环山，一面向水的岳麓书院

注则气聚"的风水学思想。这种形式的书院周边环境以水为主，视界开阔，游目骋怀，也是一个理想的求学环境。此景取巧于得天独厚的自然水文条件，如此浑然天成之景实属罕见，颇具特色。有此特点的书院有衡阳石鼓书院、应天府书院（图3-6）以及湘乡东山书院（图3-7）。

（4）依山傍水　依山傍水，指的是山水位于书院一侧或分别位于书院两侧较近的位置，水依从书院穿院而过。这与风水学说中所谓"左山右水、枕山襟水"是相通的。与前三种模式相比，这种山水组合形式虽称不上"大吉"之形，但文人士子们匠心独运选择有利的角度，因形就势，因地制宜，也能创造出极佳的环境。庐山脚下的白鹿洞书院就是这种形式的典范（图3-8）。

应天府书院平面图

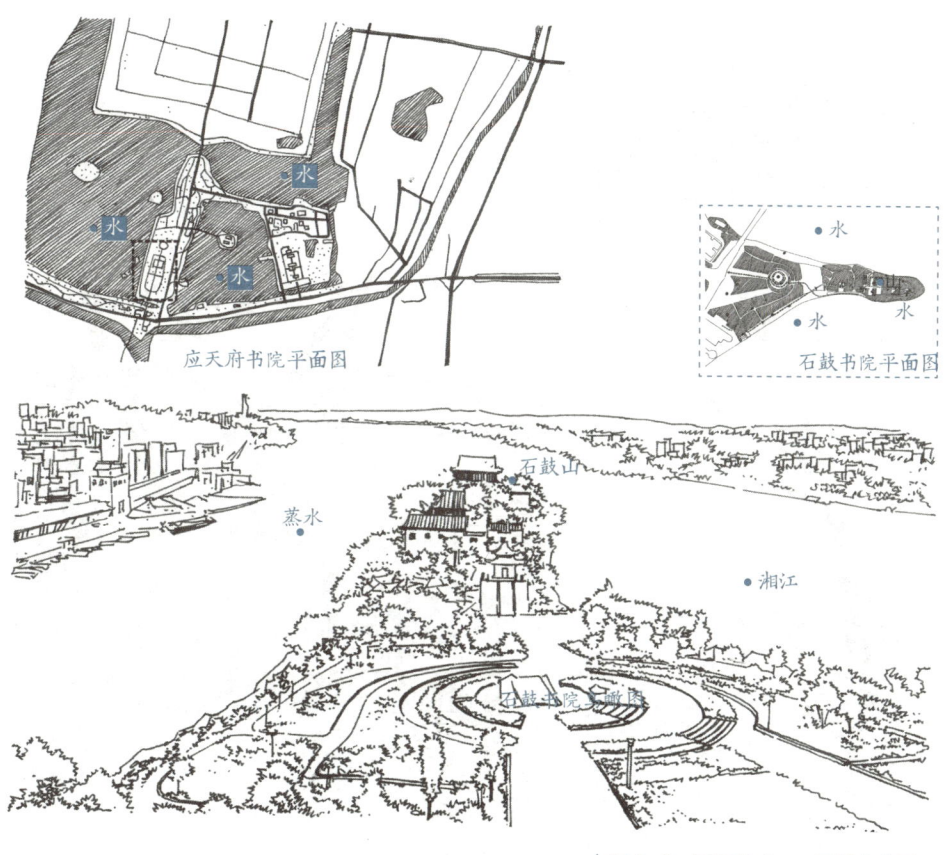

石鼓书院平面图

图 3-6　三面环水，一面背山的石鼓书院和应天府书院

图 3-7　三面环水，一面背山的湘乡东山书院

白鹿洞书院平面图

山
山 水

图 3-8　依山傍水的白鹿洞书院

第二节　半依城市半郊原

在长期发展过程中，随着官学文化的进一步影响，官府逐渐加强了对书院的管理和控制，将不少书院迁建或兴建于城内。由此书院出现了由山林逐渐向城镇靠拢的趋势。然而城镇环境的喧闹和用地的限制与书院"静心""悦性"的环境追求之间的矛盾日趋恶化，于是许多书院采取"半依城市半郊原"的折中方式，将书院选址在城乡交界处来缓解矛盾。

此类"半依城市半郊原"的城郊型书院，在书院发展后期占据主导地位。

书院自始至终不放弃对清净环境的追求，所谓"一重人故觅师，一重地故择胜"。由于缺少得天独厚的清幽环境，故在环境布局和建设上非常注重边界处有山体或是溪流覆盖的地区，用人工创造闹市中的幽静，并多设置有登高望远的楼阁抑或不同植物主题的庭园。

第三节 以院落式的合院模式为组成元素

四合院，中国的一种传统合院式建筑组合。因庭院四面都建有房屋将其围合在中间而得名（图3-9）。四合院空间最显著的特点是封闭的空间里建筑和

建筑与院子的多种组合模式

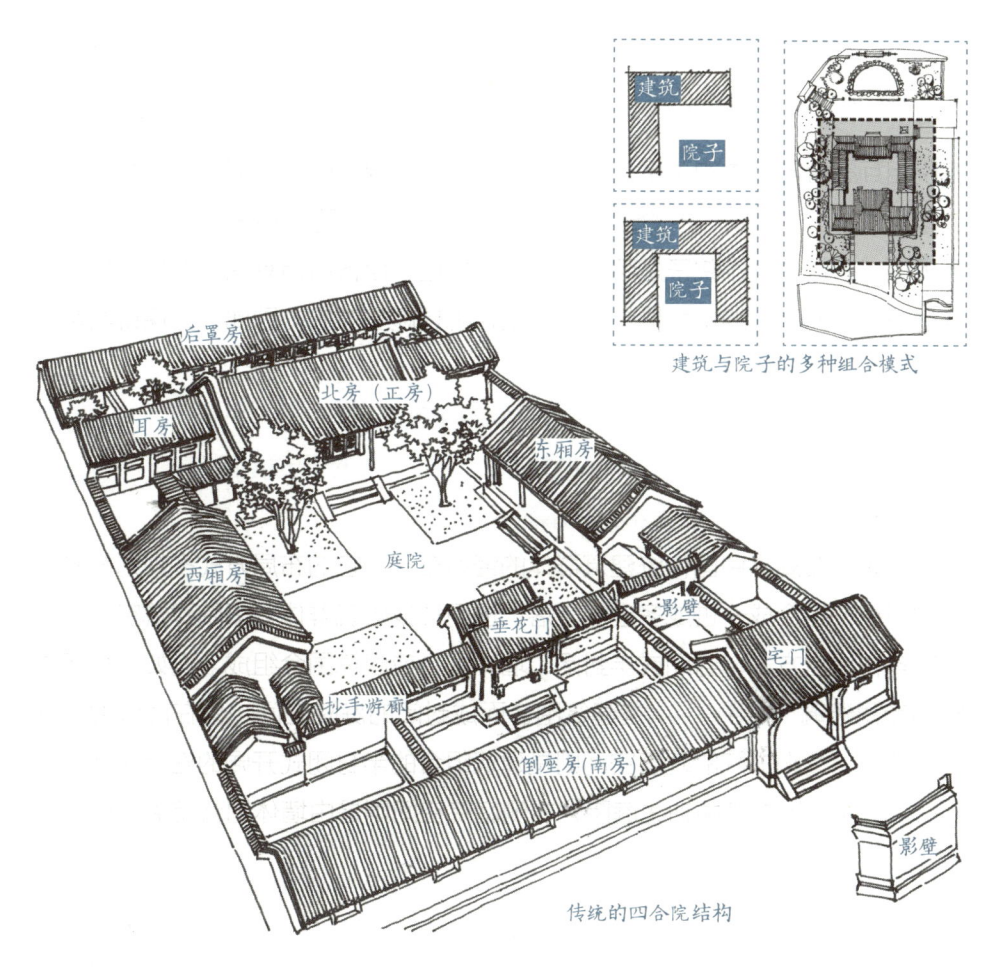

传统的四合院结构

图3-9 四合院模式在嵩阳书院的应用

嵩阳书院庭院分布图

图3-9 四合院模式在嵩阳书院的
应用（续）

庭院相互融合与渗透的关系。因此广义上讲，只要如此，就符合了传统四合院的核心精神。如图3-9中的建筑与院子渗透关系中的两种平面设计，这与太极图相似：建筑是阳，院子是阴，两者相互拥抱，但各自拥有独立的核心价值。谁也没有占据绝对的主导地位，是互动，也是虚实对应。因此，为保持此种关系需要做到以下几点：

（1）保证建筑和院子达到一定比例的接触面积。

（2）建筑和院子的主体空间是独立、集中、有效、成型的。

（3）建筑和院子在大小上基本对等、均衡。

院落式布局是中国传统建筑群体的经典布局，它的布局方式多规则整齐、中轴对称，组合成一进或多进的院落，进而形成建筑群体。书院建筑空间的院落有多种组合方式，封闭或半封闭，墙体围合或建筑围合组成。例如，岳麓书院的专祠建筑（图3-10）是建筑围合而成封闭的庭院空间，只在两边建筑开角门而入。嵩阳书院的院落空间则是建筑组合的半封闭式开阔的庭院空间（图3-9），而阳明书院中轴线庭院、右侧庭院空间则是由墙体围合院落而成（图3-11）。

第三章　规划形布局 | 25

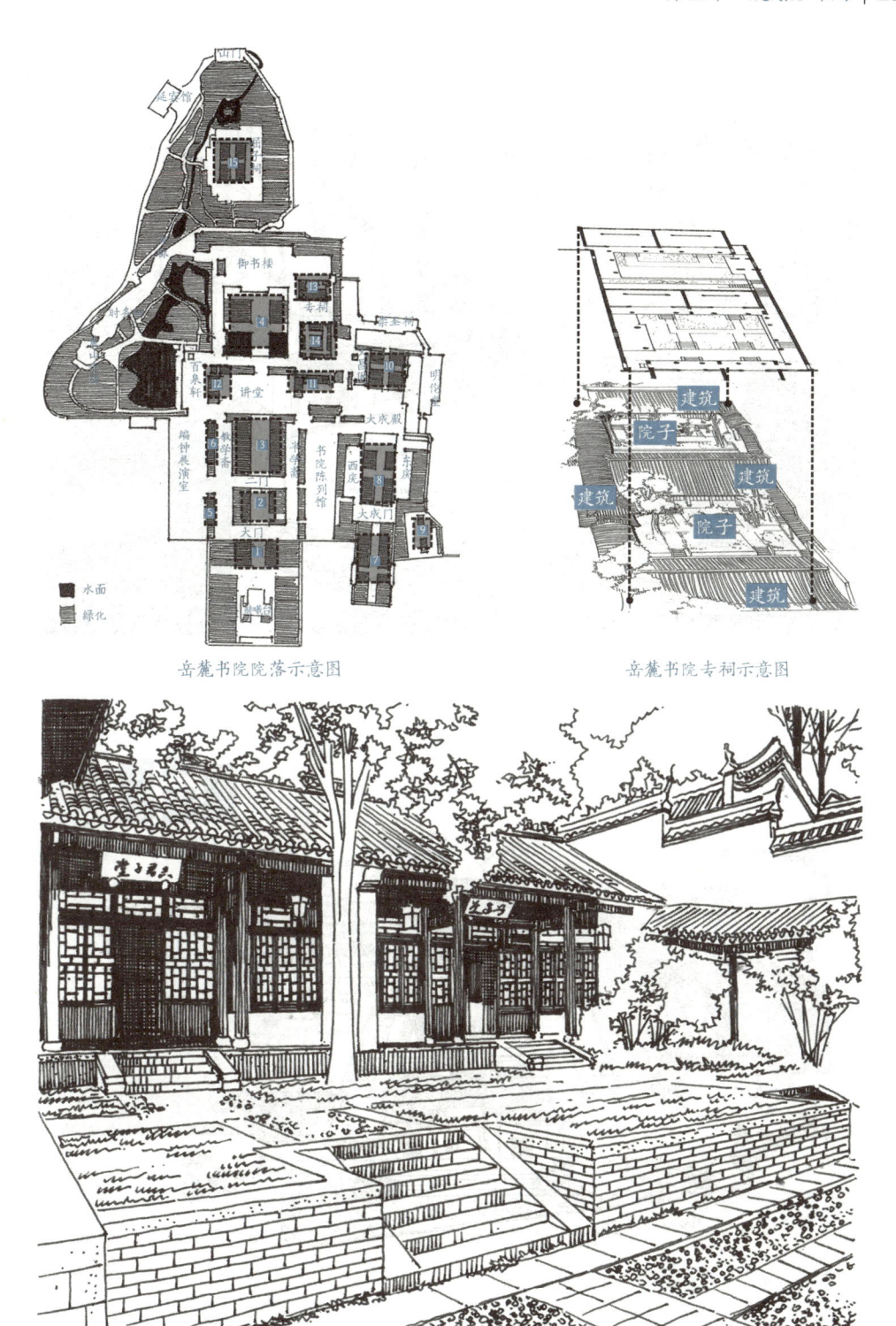

岳麓书院院落示意图

岳麓书院专祠示意图

图3-10　岳麓书院的院落模式分析

阳明书院院落一角（模块4）

阳明书院的四个院落组成模块

阳明书院的鸟瞰图

图 3-11 阳明书院院落模式分析

第四节　体现礼制思想的中轴对称布局

礼制在建筑文化中的体现表现在对尚中传统的追求，即建筑中轴线对称的空间布局形式，目的在于营造礼的秩序感。如最高等级的故宫三大殿（图3-12），又如民间的四合院（图3-9），书院的布局亦如此。如图3-13所示历史上的应天府书院整体采用中轴对称布局规制，以中间的主轴线为准，左右两旁另设两条独立分明的次轴线，等级严明，体现了其作为皇家书院的气派与规制。

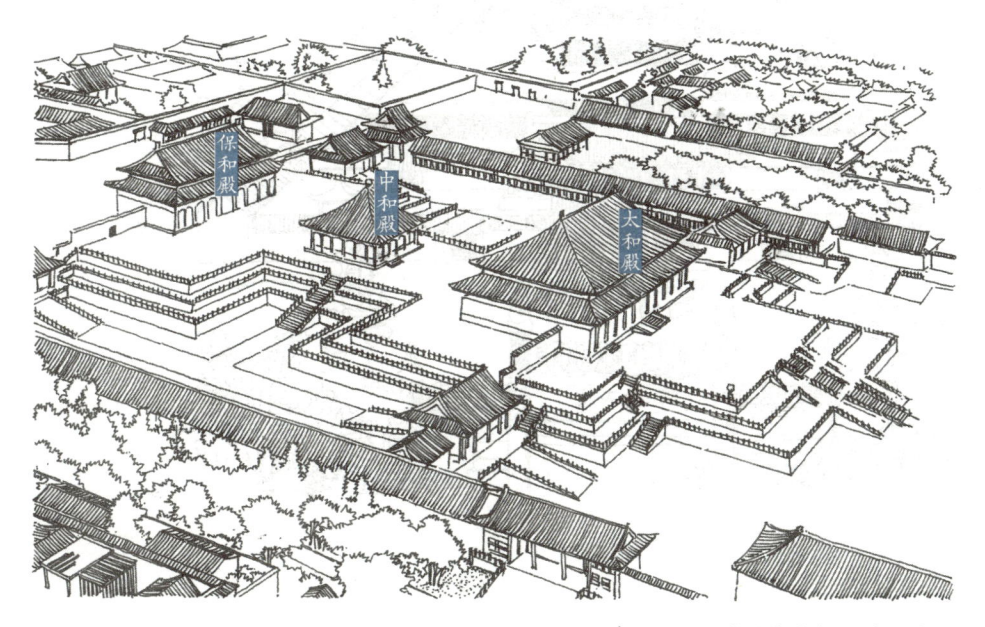

| 图 3-12　中轴线对称的故宫三大殿

书院建筑群通过多种方式将庭院单元进行排列组合，形成严谨的轴线对称关系以及布局庄正、秩序井然的平面布局形式（图3-13）。中国古代书院的平面布局形式大概分为串联、并联和串并联三种。

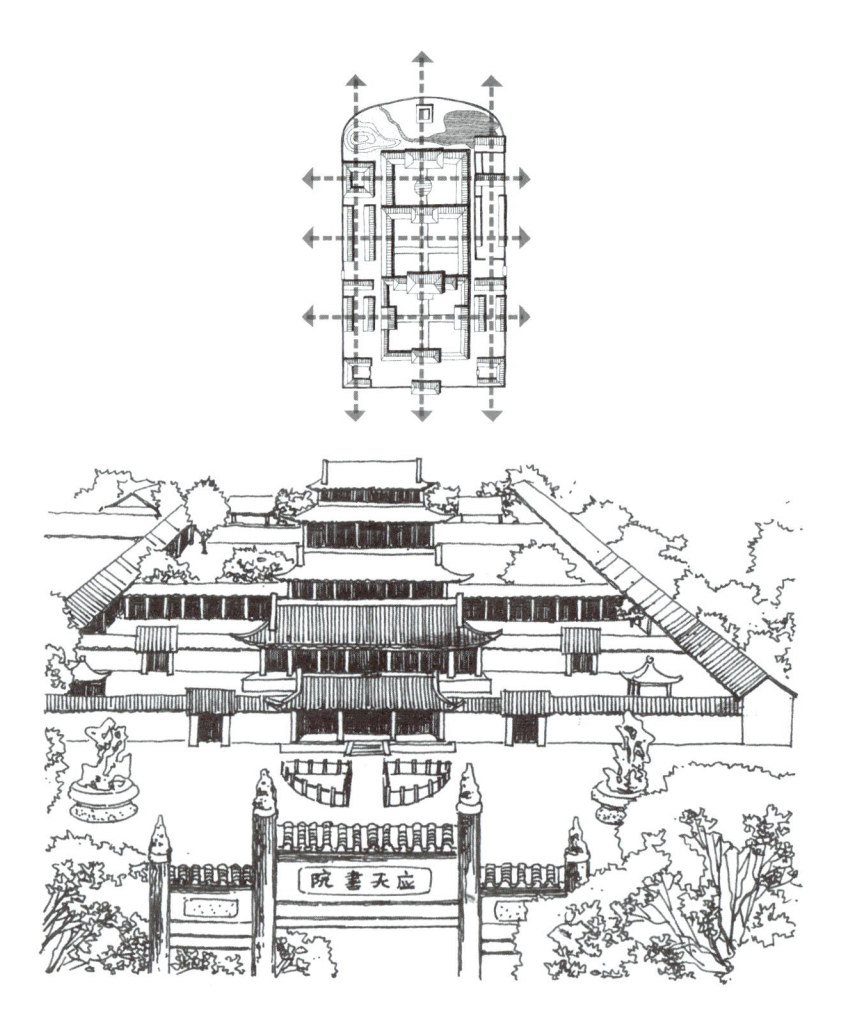

图 3-13 中轴对称式布局的应天府书院平面与鸟瞰

一、串联式

串联式（图3-14）从平面布局上看，是以一条线性序列将轴线上的各个功能空间依次先后排列起来的组合方式。因此，这类型的平面布局也被称作是"线性组合"或"序列组合"。它将各个功能空间紧密联系起来，简洁明快。此布局方式的优势在于内部交通流线清晰明了，在日常使用中各种动线少有逆行或交叉。以嵩阳书院为例（图3-14），书院在纵深向的主轴线上布置了多进院落依次串联，形成嵩阳书院的基本建筑布局，古典庄重，雄厚大气。整个书院空间共由五重院落组合而成，每重院落又包含了一个典型建筑。先圣殿和道统祠作为纪念性建筑，分别为祭祀孔子和尧、舜、禹帝而建。其所在的院落

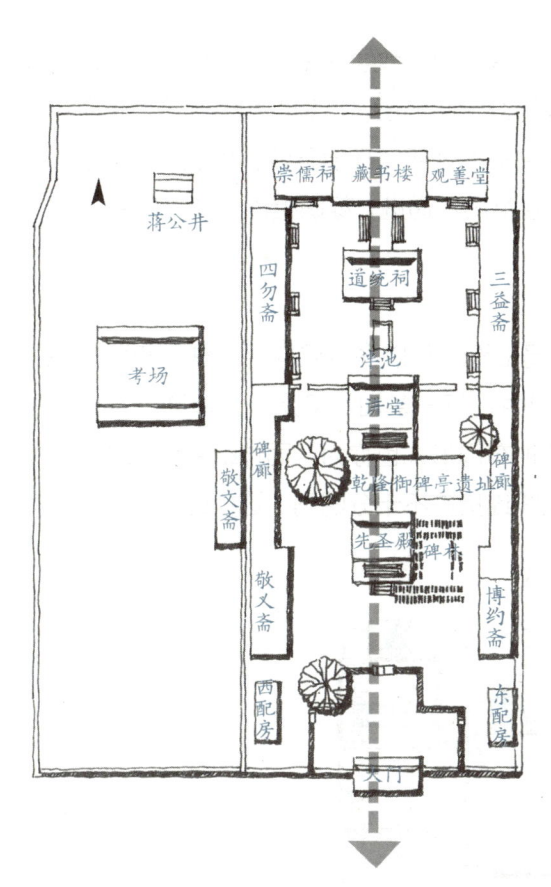

图 3-14　串联式的嵩阳书院平面与鸟瞰

沿中轴线两侧设置斋房。书院以"讲堂为尊，教学为主"，因此讲堂一般都设置在主轴线的中心位置。嵩阳书院的讲堂两侧还设立碑廊和经廊等。位于中轴线最末端的藏书楼是存放书院经典藏书的处所，环境雅致，最宜学习阅读。俯瞰整个嵩阳书院的建筑群体，院落建筑层次递进，绿荫相佐，掩映其中。

二、并联式

并联式（图3-15）从平面布局上看，是以多条竖向平行轴线将各个空间序列左右排列在一个横向面域空间中，每一条轴线又是一个单独完整的串联轴线。并联式呈面性排列，因此这种布局形式也称为"面性组合"或"排列组合"。与纵向相比，横向空间的轴线连接并不十分明确。这样的院落空间具有

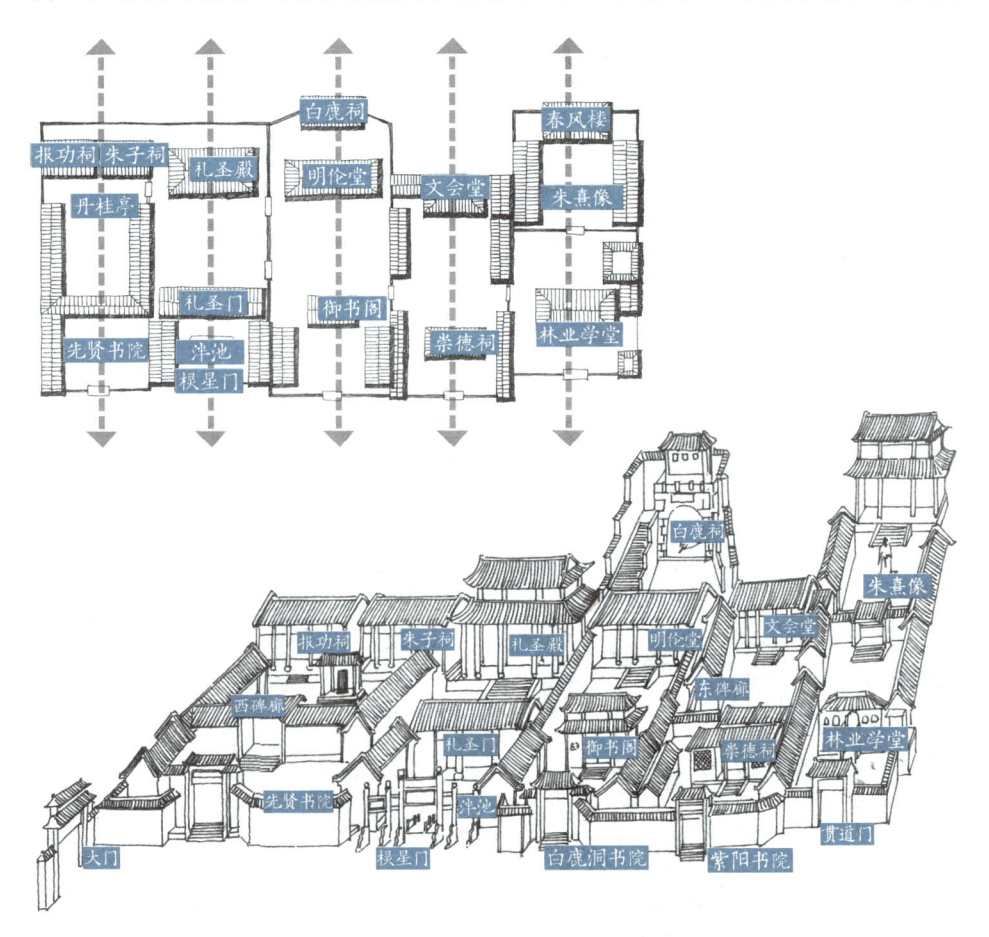

图 3-15　并联式的白鹿洞书院平面与鸟瞰

相对的独立性，但同时又紧密联系在一起。它的浏览路线多样，可逆行亦可交叉。这种流向不清晰的活动路线灵活多变，体验丰富。例如白鹿洞书院，建筑群整体坐北朝南，由五道院门及五个院落组成，五条南北向的轴线依山就势并列而建，布局严谨相当考究。其中以礼圣殿为主要轴线分布棂星门、泮池、礼圣门等建筑单体。先贤书院、白鹿洞书院、紫阳书院等次要轴线院落平行分列于主要轴线建筑两侧，包含了朱子祠、御书阁、明伦堂、碑廊等建筑。

三、串并联式

串并联式（图3-16）从平面布局来看，整体功能空间呈多路多进的无序轴线关系。多条轴线前后左右形成多个空间序列，但并没有十分严谨的横向或纵向轴线对称关系。它是串联式或者并联式的混合形式，既呈线性排列又呈面性排列，所以又被称为"线面混合"或"混排组合"。这种布局方式使得空间具有明显的连续性和节奏感，交通流线多样但流向清晰，可形成多条浏览活动路线，灵活多变。例如湖南大学岳麓书院，以目前修复完成群体建筑分析，整个建筑群由一条以讲堂、御书楼为主体建筑的主轴线和以教学斋、半学斋、文庙、专祠等多条次要轴线组合而成。

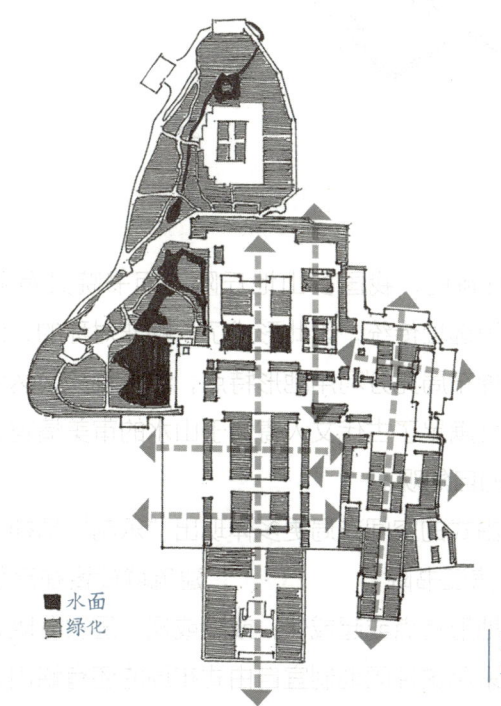

图 3-16 串并联式的岳麓书院平面与鸟瞰

图 3-16　串并联式的岳麓书院平面与鸟瞰（续）

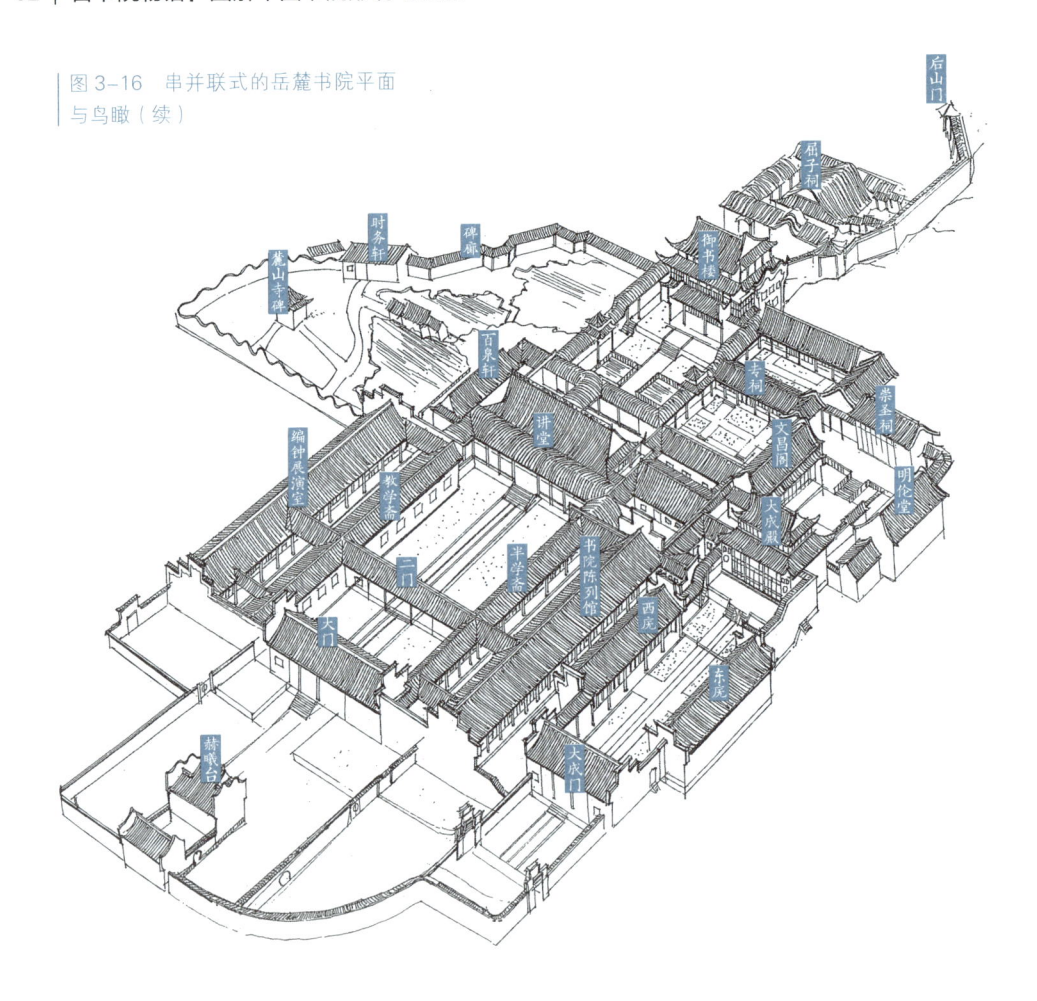

第五节　依山就势的自由式布局

古人选址造园讲究因地制宜，我国多山地丘陵，而书院又有着"居山水""近山林""择胜地"等选址传统，因此形成了一种非对称的、没有明显轴线关系的自由式布局。这种布局充分利用地形特点，因形就势，达到与自然环境和谐共生的空间效果。既满足了古代文人寄情于山水的审美情趣，又巧妙顺应自然，体现了天人合一的自然观。

与对称式布局相比，自由式的空间布局更多体现出"乐制"精神而非"礼制"精神。例如江西上饶的信江书院（图3-17），建筑群设置在高低起伏的山坡上，各个建筑单体根据地形特点或起或伏，或隐或现，层次分明，与周边环境融为一体，浑然天成。采用这种因地制宜自由式布局的还有崂山六大书院之一下书院（图3-18）。而岳麓书院后院园林中的爬山廊建筑，巧借地形，随势而建，不仅巧妙地解决了地势高差问题，还因其巧夺天工的设计为书院增添了别样的风采（图3-19）。

| 图 3-17　依山就势的信江书院

图 3-18 因地制宜自由式布局的下书院

图 3-19 依山就势的岳麓书院爬山廊

第六节 疏密得当,建筑与园林相辅相成的混合式布局

在介绍"绘画六法"的《古画品录》一书中,阐述了一种关于绘画、书法、篆刻等艺术的布局处理手法,即要素在平面布局上点线面的构成处理法则。其主要观点是在位置经营上的疏密关系,可用"疏处可跑马,密处不透风"来概括。而书院的建筑园林布局也同样可遵循此理。若分布均匀,空间便呆板死气;若疏密相间,则气韵生动。岳麓书院的造园者便是深谙此理:规划布局主要由一条主轴线、多条辅轴线展开,前部分建筑为主,园林为辅;后部分园林为主,建筑为辅,建筑景观空间交织穿插,疏密得当,节奏清晰(图3-20)。前主体建筑群的园林与后院园林的建筑同样都只是起到点缀衬托之用,巍峨建筑群中绿色掩映,园林山水中又点缀亭台楼阁,张弛有序,疏密得当(图3-21)。这就是介于规整式和自由式之间的混合式布局。

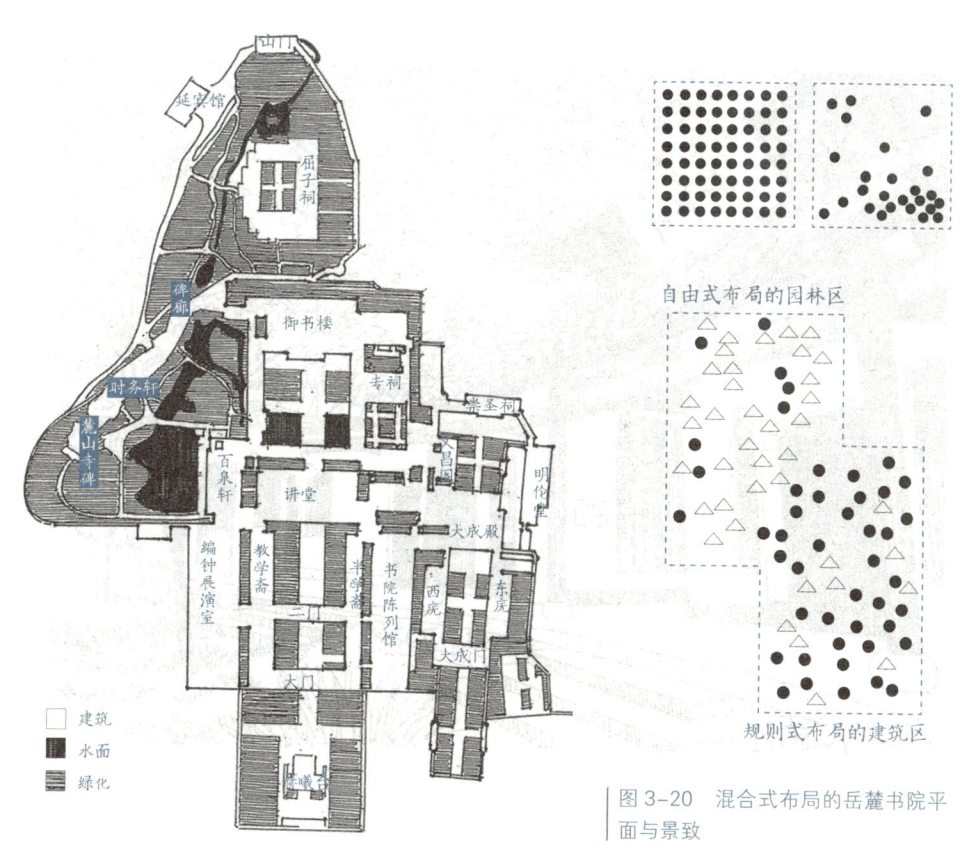

图3-20 混合式布局的岳麓书院平面与景致

图 3-20 混合式布局的岳麓书院
平面与景致（续）

图 3-21 建筑与景观相辅相成的
岳麓书院

其特点是：主体建筑以规整式的几何对称形式沿一条居中为尊的主轴线展开，而其他附属园林建筑根据功能性质的不同，并结合审美意境、地形特点，适当调整建筑的组合方式以及空间尺度，形成多条辅轴线。这种布局方式产生的主要原因是书院既要讲究讲学与祭祀部分的庄严气氛，又要保留生活部分的一种轻松活泼氛围，其他书院亦是如此（图3-22）。

| 图 3-22　嵩阳书院的景观与建筑

第四章

园林形解析

第一节 堆山叠石，咫尺山林

堆山叠石是古典园林的独特艺术之一，从石鼓到岳麓，从嵩阳到应天府，再到白鹿洞，随处可见山、石元素以多种不同的组合方式塑造出或古朴雅致或宁静致远的书院景观。山石既是自然美景的体现，又是寄托情怀的载体。古有"片山有致，寸石生情"之说。书院园林的置石方式根据造景作用和观赏效果分为特置、孤置、对置、群置、散置、丛置、等布置方法（图4-1）。

孤置

丛置

群置

特置

图4-1 几种不同的置石方法

书院中石景，以本身优美的体态、外轮廓线以及虚实、纹理的变化而取胜，在有限的空间内堆山，应考量主次分明、错落有致。山石不仅可以造景，还有分隔空间的作用，一举多得（图4-2）。

石景之中，不得不提书院的摩崖石刻。摩崖石刻是指在自然形成的石壁上加刻文字而形成独特的石景。其不单单是悠久历史涵养的再现，而且大部分的摩崖石刻为当时极具盛名的文人雅士所题，笔触遒劲、体量巨大，极具艺术价值与观赏价值，典型代表有象山书院石刻、白鹿洞的摩崖石刻。明正德五年（1510），当时的武宗皇帝下诏书在峭壁上（约为14米高处）刻"象山书院"四字，每字的尺寸是一米见方，属于五百余年前的历史遗迹（图4-3）。而白鹿洞书院独对亭下的溪涧，溪水甚浅，遍布着许多刻着红字大小不一的石

图 4-2　金庸书院中石与植物的组合

块。石块被水常年冲击，但字迹依然清晰可辨，刻在石上的文字，有"不在深""枕流"等，溪边石壁上还刻有"访道名山""琴意"等（图4-4），字字皆峭劲秀丽、自然流畅。这些石刻和摩崖是白鹿洞书院重要的历史遗存，极大地丰富了书院的文化内涵，为白鹿洞创造出深厚的文化氛围，使这里真正体现出"泉声松韵点点文心，白石寒云头头是道"的韵味。

图 4-3　象山书院的摩崖石刻

图 4-4　白鹿洞书院的摩崖石刻

第二节　庭院理水，文士之好

水是构成园林景观的基本要素之一。作为古典园林中的"脉"，在书院园林中亦是如此（图4-5）。这一点可以追溯至择址，书院始建在山林地、水滨或闹市之中，也可能兼而有之。书院的选址对其后兴盛也有着重要作用，建造者自然会经过深思熟虑选择天然形成的"风水宝地"，与泉、溪、河为邻，使书院更具灵气。

在中国古典园林中关于水的变化不大，多以静态水的形式用多种表现方式塑造出楼阁亭廊、流水潺潺的意境，如湖泊、池水、水塘等，比较常见的方式有：以汀步或桥面将水面分隔开来；亭廊或观景台用于区分水面；山石、丛林、植物倒影水面增添情趣；以芦苇、莲荷等植物来衬托水面（图4-6~图4-9）。

图4-5　景观元素：水景

第四章　园林形解析 | 43

图 4-6　景观元素：
书院石与水的组合

图 4-7　自然水景：
溪水（白鹿洞书院）

图 4-8 人工水景：天井

图 4-9 水景文化之井泉

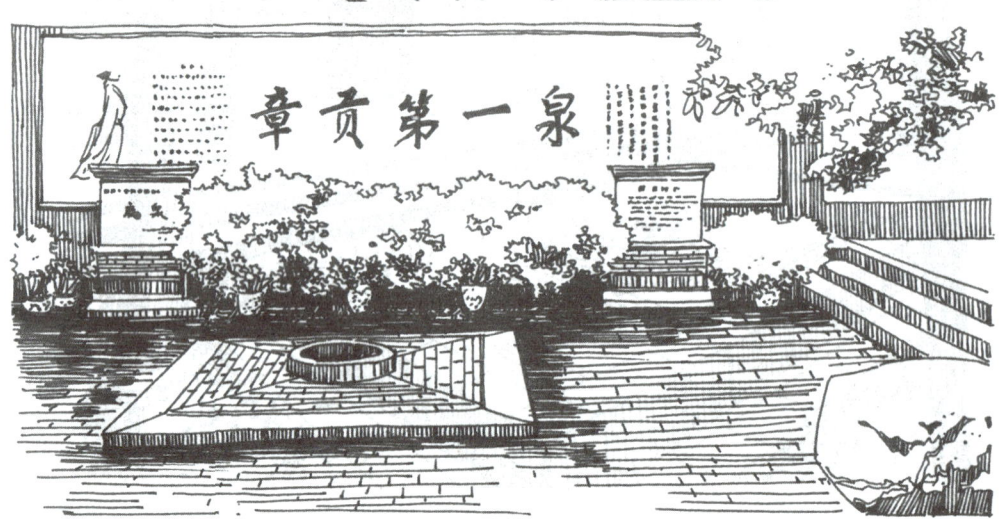

a) 岳麓书院的文泉 b) 江西赣州的廉泉

与文士有关的水景不得不提泮池（图4-10）以及与之相联系的泮桥（状元桥）。它们是水元素在书院中最直白的应用，至今仍有象征意义。"泮池"一词可追溯到孔子时期，因其故居在山东曲阜的泮水之滨而来，泮池的建筑便成了古代高等学府的象征，儒生考中秀才后才称"入泮"，举行绕池一周的仪式之后，再去先圣殿拜孔子圣像，表示要永远效先师之法，安邦治国益于天下。泮池以及泮桥后来发展为只需满足象征功能就好，无所谓大小与形状。

图4-10 嵩阳书院的泮池

通过运用泮池以及附带的泮桥不仅为书院增添了崇高感，且有净化心灵的作用。路过泮桥，走过泮池（图4-11）意味着跨过浅显无知迈入文人之列，还具有靠近先贤一辈的象征意义。白鹿洞书院有座门楼叫棂星门，棂星门后为泮池，池呈长方形，池上建有一座拱形石桥，桥两侧装有花岗石栏杆。原名泮桥，现名状元桥（图4-12）。

| 图 4-11　应天府书院的泮池

| 图 4-12　白鹿洞书院的泮池与泮桥

第三节　寄情花木，借景抒情

　　书院植物造景多为素雅风格，不求种类繁杂，所追求的是能创造让学子静心学业、文士探讨学术之地。因此营造的环境特征既不同于富丽堂皇的宫殿，也不似以赏玩为特征的江南园林，目的在于怡情雅兴。书院的代表植物有松、柏、竹、梅、桂、莲、杏、桃、石榴、玉兰等，通过孤植、对植、丛植、群植等多种形式（图4-13、图4-14）的配置方式可营造出或庄重、或活泼、或静谧、或高洁的景致（图4-15）。在书院景观中，美学及象征意义大于生态景观意义，它们常被寄予学业有成、金榜题名的期许，并象征着为人处事正直清廉的理想人格。

| 图4-13 景观元素：植物配置方法（一）
　　a）群植　b）对植

a)

b)

| 图 4-14　景观元素：植物配置方法（二）
　a）孤植　b）丛植

第四章 园林形解析 | 51

图 4-15 嵩阳书院的内庭景观

正如前文所述，书院园林在造景时常把绿植和人文精神相连接，赋予其特殊的象征意义。例如在白鹿洞书院中，有对于中举学子特地划分空间为其种植的丹桂（图4-16），意在扬其荣誉，砥砺后生。在表现手法上，常采用孤植树独木成景的效果（图4-17）。嵩阳书院的将军柏就是最好的示例，树与书院惺惺相惜，渲染一种历史沉淀的厚重感（图4-18）。

| 图4-16　白鹿洞书院的丹桂

第四章 园林形解析 | 53

图 4-17 白鹿洞书院的孤植景观

图 4-18　嵩阳书院的将军柏及其位置示意

第四节　亭廊设施，点缀风景

　　环境美学特征是书院造景的重要组成部分，但如果过分强调其环境美，书院就会成为类似园林的空间，其清幽及严肃的学习氛围势必会被削减。因书院园林或多或少受到传统园林的影响，亭廊榭这些非书院功能性空间也理所当然地出现在书院之中。亭子变成了碑亭，廊成为碑廊。亭廊除了供人休憩外，也具有纪念性和标识性（图4-19），比如岳麓书院八景中的"柳塘烟晓"和"风荷晚香"以及爱晚亭、池塘等便是主景和标志物（图4-20）。又如嵩阳书院中主轴线一侧的碑亭也是同样的表现手法（图4-14b）。

图 4-19　岳麓书院的亭子

a）吹香亭结构　b）吹香亭侧视　c）仿清代安澜书院建造的金庸书院亭子

爱晚亭正面图

爱晚亭远视图

图 4-20　岳麓书院的爱晚亭

廊架作为亭廊的另一个重要组成部分也是园林设计中必不可少的。廊架一般为园林通道上方有顶盖的开放式长形园林建筑，通过把握空间的通透性和象征性给游人创造舒适的休憩环境。廊架自身也可形成一个可仰视、俯视以及远观、近观的景观节点，在书院建筑类型中通常与亭、廊、水榭等结合，组成外形美观的园林建筑群（图4-21，图4-22）。

| 图 4-21　岳麓书院爬山廊

| 图 4-22　岳麓书院回廊

第五节 蜿蜒曲径，引人入胜

蜿蜒曲径从平面角度增加了园林景观的空间层次（图4-23）。中国传统园林建造宜曲不宜直，寸土之间却别有洞天。而连廊是蜿蜒曲折在平面构成上最好的建筑形式，有直线和弧线两种形式。一般而言，廊的建造会因地制宜、自由发挥。例如，岳麓书院的爬山廊便是依托岳麓山体，贯穿后院园林空间时高时低、时弯时折、巧妙连接山门与前院的建筑群体。

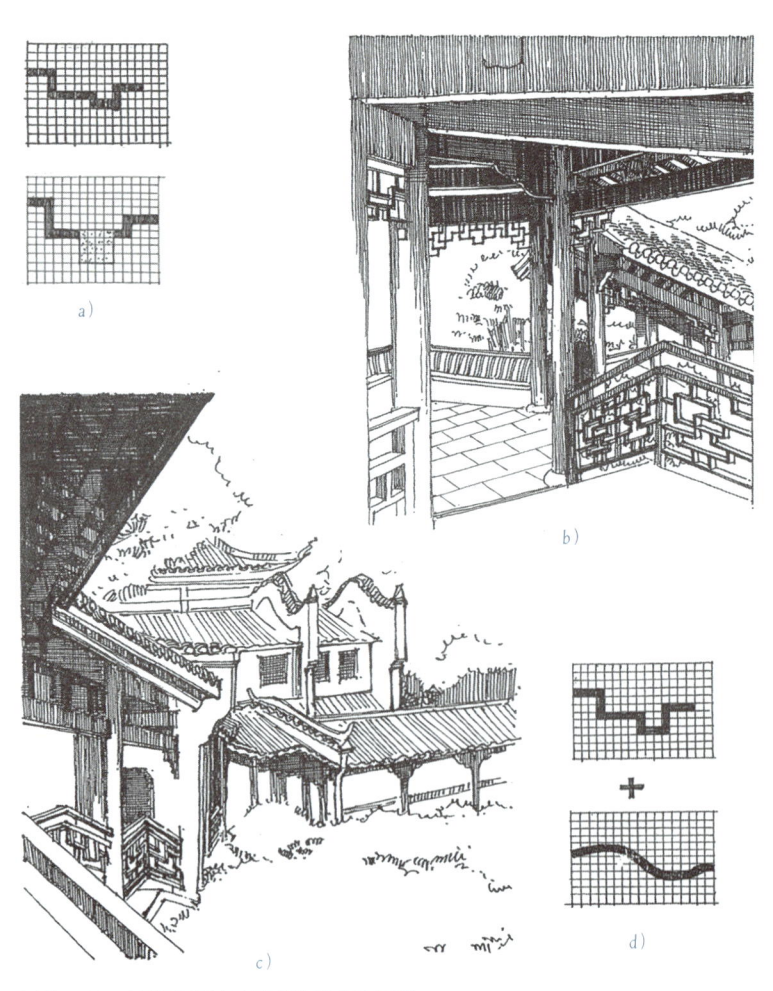

图4-23 蜿蜒曲折的岳麓书院爬山廊景观
a）回廊，作为连接要素，可自由转折　b）岳麓书院休息亭处景致
c）岳麓书院爬山廊处景观　d）回廊，除了自由转折外，还可以呈任意弯曲形状

第四章 园林形解析 | 59

园林中常以"引人入胜"来经营景点（图4-24）并布局游览路线，这一说法指的便是空间的引导与暗示作用。在建筑园林中常以借景或框景的手法，

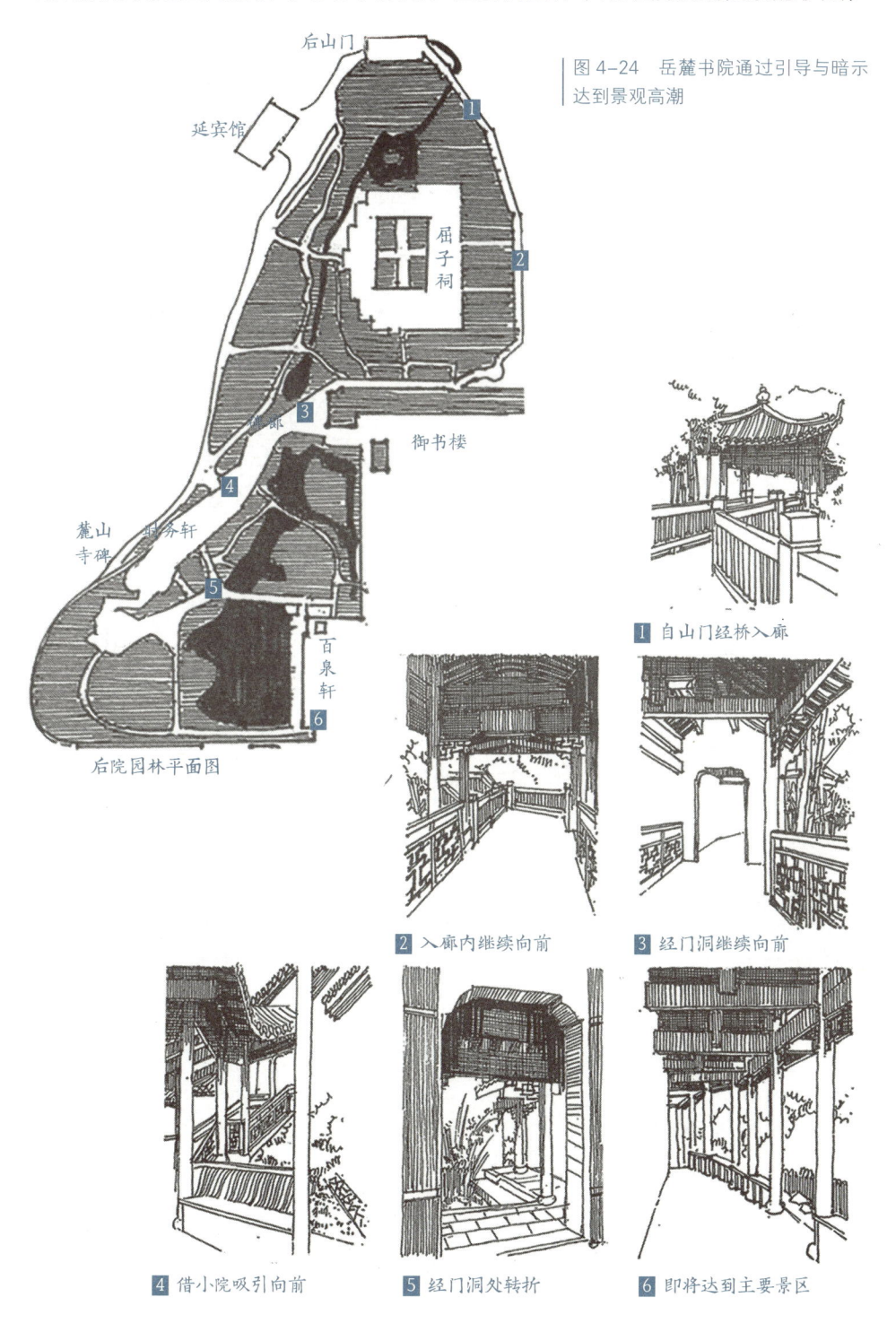

图 4-24 岳麓书院通过引导与暗示达到景观高潮

后山门

延宾馆

屈子祠

御书楼

麓山寺碑

百泉轩

后院园林平面图

1 自山门经桥入廊

2 入廊内继续向前

3 经门洞继续向前

4 借小院吸引向前

5 经门洞处转折

6 即将达到主要景区

辅以廊架、桥梁、门洞等建筑形式表达（图4-25）。廊呈极细长的空间形式，具有十分强烈的纵向延伸感，可起到良好引导与暗示作用，而门洞或者桥梁自身就具有吸引人流前往的暗示属性。

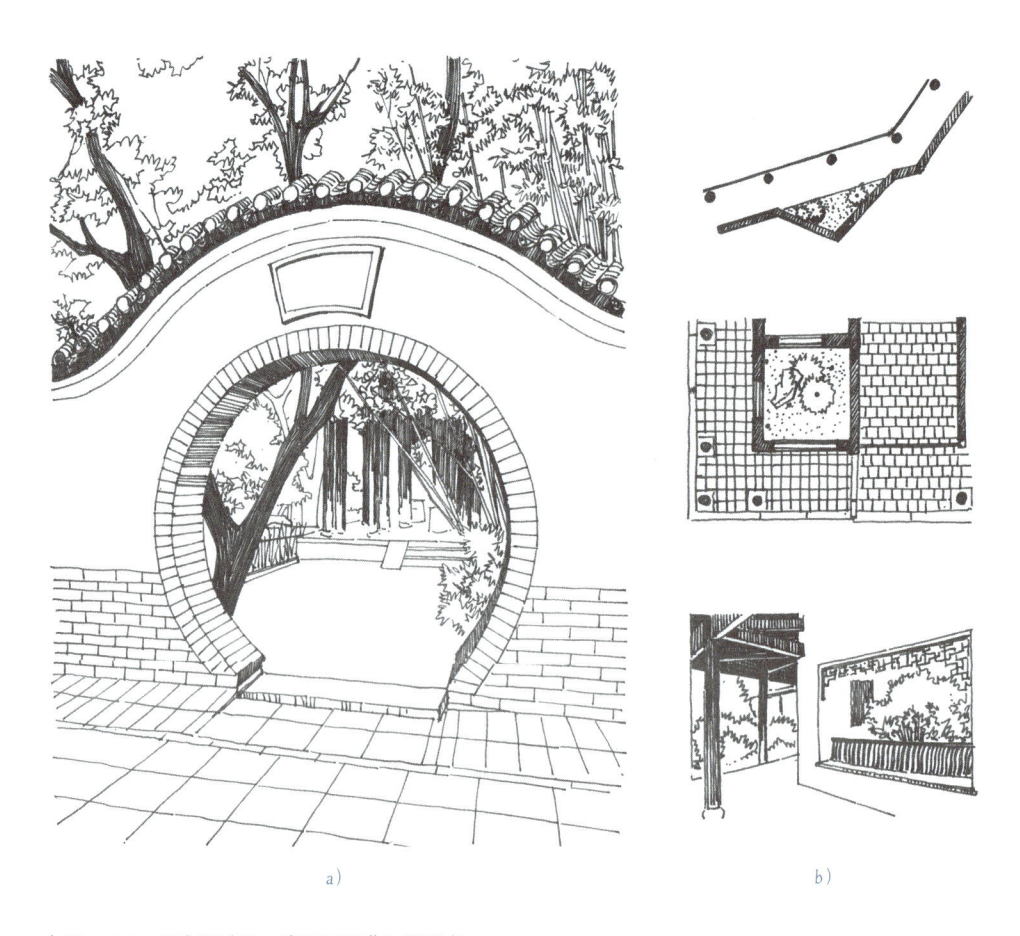

a)

b)

| 图4-25　书院通过门、墙洞引导进入景观点
　a）嵩阳书院门洞景观　b）岳麓书院墙角转折处景观

第六节　方圆之间，看与被看

框景是书院园林艺术造景方式的一种，空间之深远观不可尽，平常间也有可取之景。书院园林艺术中经常使用门框（图4-26）、窗框、树框、天然山洞等，也有极少数景观以地框取景。建筑的门（图4-27）、窗、洞，或者

乔木树枝抱合成的景框往往把远处的山水美景或人文景观包含其中，这便是框景。框景是中国古典园林中最富代表性的造园手法之一（图4-28）。

古典园林中"观景与景观"这种"看与被看"的关系，与诗词中"你站在桥上看风景，看风景的人在楼上看你"的手法有异曲同工之妙。岳麓书院多以建筑围合院落，院内景观互为利用。而建筑物自身在岳麓山风景映衬下，也具有极好的景观和观景作用（图4-29）。如图4-29所示明伦堂既可以作为景观站在崇圣祠来欣赏其建筑艺术以及自然风光，又因其高差优势，可作为一个绝佳的观景处来俯瞰文昌阁、大成殿等建筑群体。

| 图 4-26　通过门框增加景观层次的白鹿洞书院

| 图 4-27　阳明书院的框景

图 4-28　透过门洞望内庭景观的嵩阳书院

a）自明伦堂二楼走廊处看崇圣祠

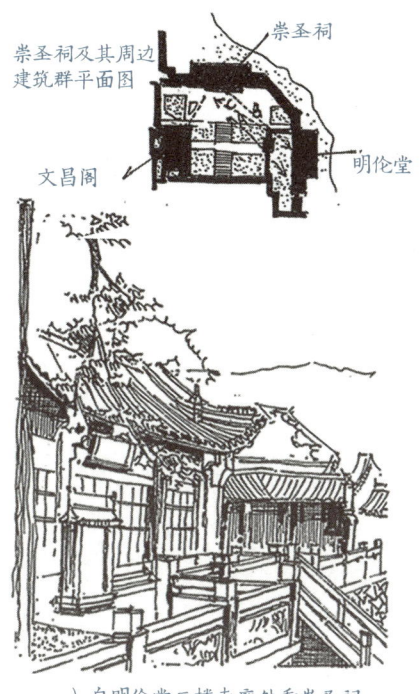

b）自崇圣祠看明伦堂（一）

c）自明伦堂看文昌阁

d）自崇圣祠看明伦堂（二）

图 4-29　岳麓书院的观景与景观

第七节 俯仰生姿，起伏有序

园林建筑常常利用自然地形的起伏或以人工方法堆山叠石以使其高低错落，丰富竖向设计，产生俯和仰两种不同视角的感受（图4-30）。如图4-31所示为岳麓书院文庙大成殿后、崇圣祠、明伦堂等景，此处地形起伏较大，人在其中可借地势的改变从而获取不同视角的景观效果。如图4-31所示A仰视视

a) 通过台阶抬高仰视道东书院

b) 通过台阶解决高差的嵩阳书院

图 4-30　参差错落的书院景观

线，从大成殿入园内，仰视明伦堂，楼宇厅堂高低错落、层次丰富，参天大树相得益彰。B仰视视线，自大成殿向右仰视明伦堂，从堂前生长出的大树与建筑相映成趣。C俯视视线，自崇圣祠俯视园内，两台阶三级高差，使建筑物层次也随之丰富起来。

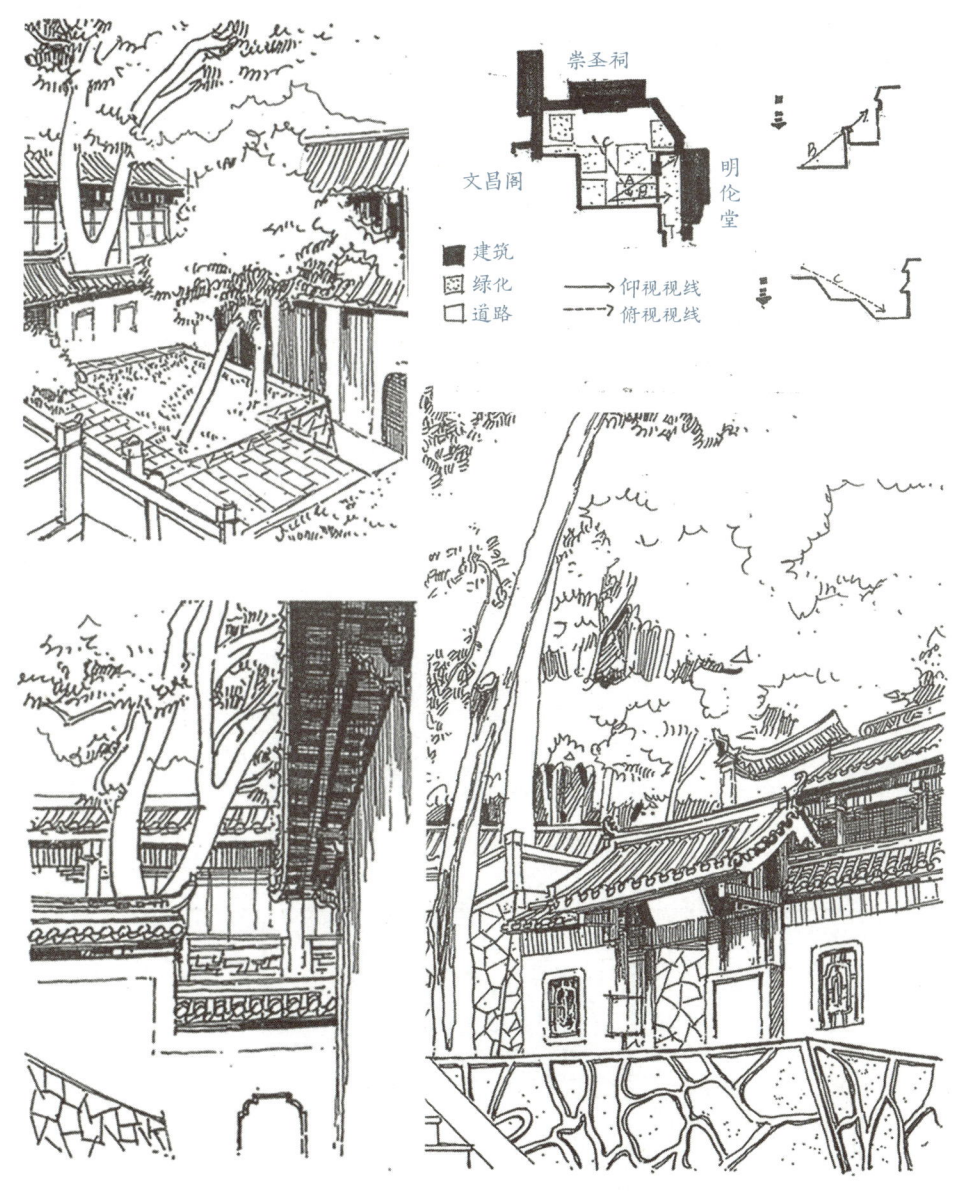

图 4-31　岳麓书院的俯视与仰视景观

与俯仰之间相联系的另一个特点是园林建造中的高低错落。这两者都普遍存在于各个园林中。蜿蜒曲折是从平面角度来说的，而高低错落则是从竖向角度上说的。在景观园林中往往通过建筑群的高低错落以及起伏变化营造出视觉动感。在岳麓书院中，从赫曦台经过大门、二门、讲堂到御书楼，建筑随地势逐渐升高。又例如后院中层次起伏丰富的爬山廊，蜿蜒曲折而又高低错落，从下往上看，亭廊起伏不断，层次丰富，再加上旁边建筑屋檐的高低错落，也使整个景观层次更为丰富（图4-32、图4-33）。

图 4-32　高低起伏错落有序的岳麓书院（一）

第四章　园林形解析 | 67

图 4-33　高低起伏错落有序的岳麓书院（二）

第八节　虚实相生，若隐若现

《浮生六记》曾指出园林的妙处不仅在于蜿蜒曲折、高低错落，而且还表现在虚中有实、实中有虚，或藏或露、或深或浅。

虚实可以体现在很多方面，例如以山与水来讲，山为实，水为虚；以山本身来讲，凸出的部分为实，凹入的部分为虚；以建筑园林来讲，建筑为实，景观为虚（图4-34）；更细者，粉墙为实，廊及门窗孔洞为虚。以中国古典园林最具特色的亭台来讲，它常选址于花间林下、水迹池边，通过园林藏与露的表现手法体现虚实相生的特点。如图4-35所示，爱晚亭就是建立在树林中半藏半露、虚实相间的景致。

图4-34　建筑为实、景观为虚的阳明书院

第四章 园林形解析 | 69

b）半藏半露的对象显得含蓄、意远、境深

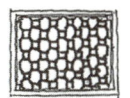

c）漏窗种类

a）爱晚亭景观

d）建筑为实，庭院为虚

图4-35 各类亭台与其他空间之间的层次感

若隐若现之感则是透过若干层次看某一对象增强其深远感。即使隔着一层网格看，也要比直接看显得深远些。传统园林中所谓的"对景""漏景""框景"等诸多表现手法从本质上来讲都是利用景观的渗透增加层次（图4-36）。透过特意设置的门洞或窗洞去看某一事物，从而使景物若似一副画嵌于框中。一如图4-37中自讲堂右侧透过石榴树望向园林内，林内春竹翠翠、枝繁叶茂，在护栏的掩衬下层次更加丰富。

图4-36 通过门窗增加景观层次深远之感

第四章　园林形解析 | 71

a）赫曦台景观

b）讲堂右侧景观

c）室内望向室外

图 4-37　岳麓书院景观塑造出的深远层次感

第五章

建筑形解构

一座优秀建筑一般由三个标准构成，分别是坚固、实用、美观。将其套用在书院建筑中，坚固者当顺应承重主材之适宜的建筑结构法则，在受限的自然和人文环境之中能够屹立相当长的岁月；实用者当是切合于各位文人志士的生活习惯，同时也应因地制宜；美观者当指遵循自然法则平衡之感。于此，林徽因先生有过独到的解读："不是上重下轻巍然欲倾，上大下小势不能支；或孤耸高峙或细长突出等违背自然规律的状态。"不矫揉造作，不画蛇添足，可以将美观解读为坚固和实用顺延的自然结果。古书院建筑当然也包含以上种种要素，且多是以木材为主材的建筑结构呈现，也就是我们常说的木构。

传统的中国古建筑是自成体系的一门工匠艺术，其主要特征和形式为：以砖石基座为基础，上架以木骨框架，斗栱之上坡屋顶挑檐。在木框架的柱梁之间筑以幕墙，而这些幕墙则视为非承重单元，仅作为空间内外开放封闭的调节（图5-1）。其高度的灵活性使之可适应中华大地广袤的自然气候和民俗特征。

图5-1 应天府书院讲堂大厅——由里向外仰视

每一副梁架由两组立柱和一组横梁组成。在梁架之间，以枋或相似横木相架，在这四柱之间，就组成了传统"间"的概念。四柱之上，四梁承托起其上所有重量。这种柱梁式承重的建筑形式解放了幕墙，且使没有承重作用的墙和门窗的设计位置高度自由，虚实开闭的空间组合多种多样。本章节之后的成文主要从（屋）顶至（台）基的书院建筑结构及功能作用出发，并结合五大书院现存典型实例举证。书院的建筑结构主要分为屋顶及屋顶装饰、建筑架构——梁柱、雀替和梁托、斗栱、台、墙、门、窗、亭、廊等。其功能以讲学为主，辅以祭祀、藏书、刻书、学田等作用。

第一节　如鸟之警，栋宇峻起

屋顶的样式和设计，可谓是中国古代建筑极具讲究的特色之一。它不同于西方建筑，反宇飞檐（图5-2）的样式体现了古人对大自然和山岳的崇拜。《诗经》中也有"天作高山"一说，"山作天，顶成屋"寄托了古人对天人合

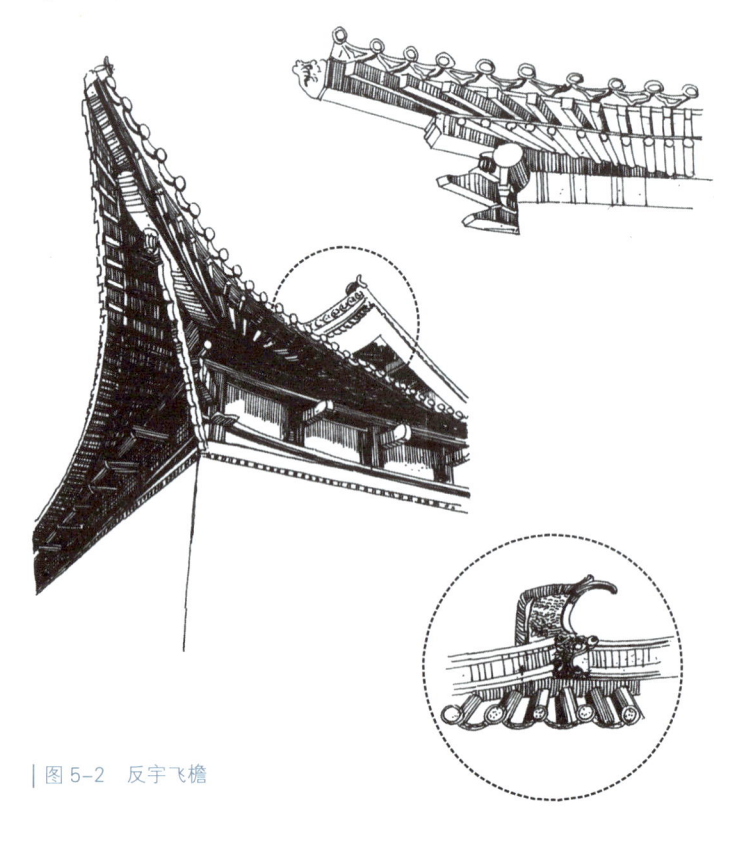

| 图5-2　反宇飞檐

一的向往。朱熹曾描写过屋顶样式的华丽和繁复。"其栋宇峻起,如鸟之警而革也,其檐阿华采而轩翔,如翚之飞而矫其翼也,盖其堂之美如此。"屋顶作为最直观的建筑语言之一,它不仅凸显了建筑本身的比例和气魄,其背后表达的森严等级秩序更说明了古建筑本身的由来和用途,比如说皇家宫廷建筑多用复杂和精美庑殿顶和歇山顶以表现磅礴的气势和权威感。又如硬山、悬山式,其形式简约而便于建造,于是就可以经常在市井民俗建筑中看到。在书院建筑中亦是如此,其屋顶样式反映了建筑本身的地位和重要性(图5-3)。

图 5-3 石鼓书院的正脊

重檐 庑殿　　重檐 歇山　　重檐 攒尖

单檐 庑殿　　单檐 歇山　　悬山　　硬山

a)古建屋顶样式图

b)石鼓书院的屋顶局部图

古书院建筑中屋顶铺面所用的材料——瓦，也是颇有讲究。在降雨频繁的南方地区，常用瓦顶来达到防水、隔热和保暖的效果。瓦一般来说主要有两种：用黏土为材料烧制而成的青瓦以及用陶土为材料，着以含有金属的颜料，二次进入窑炉烧制釉色各异的琉璃瓦。琉璃瓦较青瓦更加坚固，有着更好的防水性能。而在琉璃瓦中，又以黄色最为珍贵，自古多用于皇家庙宇宫殿以彰显等级秩序。

屋顶两坡的衔接处被称为屋脊。建筑屋顶的前与后搭合之处又被称为正脊，常见于整个屋顶的最高处。正脊也可以被分成多种样式，有花脊、平直正脊、翘角脊等。垂脊是与正脊相交的侧面屋脊，或是攒尖宝顶的脊，它的目的是保证雨水顺利流下坡顶，而不会侵蚀到屋脊和墙体交接的部分。垂脊作为外观上比较显著的部位，常饰以精巧装饰，赋予不同的美好寓意。从制作工艺和手法上来讲，脊饰又可以被分为几大类：灰雕脊饰、砖泥雕脊饰和嵌瓷脊饰。从脊饰所在位置，可被分为：吻兽、垂兽、戗兽和套兽。在垂兽中"仙人走兽"又称蹲兽，是非常特别的一类，因为其常被用于宫廷建筑之上。《大清会典》中规定了其使用的数量和规格，也充分体现了森严的等级序列。九为最高等级，在仙人骑凤之后，分别是：龙、凤、狮子、天马、海马、狻猊、狎鱼、獬豸、斗牛。例如赫曦台的脊饰（图5-4）。

以岳麓书院建筑群落为例，讲堂作为书院的核心建筑是传道授业的主要场所。它坐落于书院的中心位置，始于宋代"讲堂五间"，后又于清代重建，形式为单檐歇山勾连搭（图5-5），铺以青瓦，覆盖五间，散发出了古朴素雅的气质。

同样坐落于中轴线上，在讲堂之后的御书楼藏有皇家御赐书经，又被后世称为藏书楼（图5-6），其地位的重要性和庄严感从屋顶样式便可见一斑——重檐歇山式的楼阁形制建筑体，三层楼的庞大体量披上鹅黄琉璃瓦，青色蛟龙作吻，抬头狮作屋脊神。

礼圣殿又作大成殿，在白鹿洞书院中，因其祭祀礼仪的重要功能位列最高等级，位置也处于整个书院群落的中心地带。屋顶为歇山重檐（图5-7），两边檐角高挑，环绕回廊，青瓦素墙让它在庄严肃穆中又散发出幽幽书香。

坐落于岳麓书院入口旁、文庙照壁外、黉门池中的吹香亭，始建于清乾隆年间。其屋顶是典型的单檐六角攒尖宝顶（图5-8），配以青灰瓦顶和墨绿琉璃翘角垂脊，蚩鱼吻兽作尾。

图 5-4　岳麓书院赫曦台脊饰

图 5-5　岳麓书院讲堂剖面与实景

| 图 5-6　岳麓书院御书楼

| 图 5-7　白鹿洞书院礼圣殿

第五章　建筑形解构 | 79

| 图 5-8　岳麓书院吹香亭

第二节　梁架和桁，承托屋顶

古书院建筑最有魅力的特色之一便是它的木作架构。走进古书院中，我们可以清晰地看到每一部分结构，并且直观感受到古人巧妙的建造心思和细腻的手法。古建筑之美，在于其裸露直白的建筑结构（图5-9）。

木造结构主要由三部分组成：立柱、枋以及梁架和桁。立柱，肩负着承上启下的任务；枋在两两立柱之间，贯穿着梁并起衬托作用；在梁和枋之上则是梁架和桁，承托屋顶（图5-10）。其中主梁又称作栋，是可见的最高木结构，支撑起整个建筑的高度，也组成了屋顶的最高处——屋脊。而与栋平行排列的木结构，被称为桁。

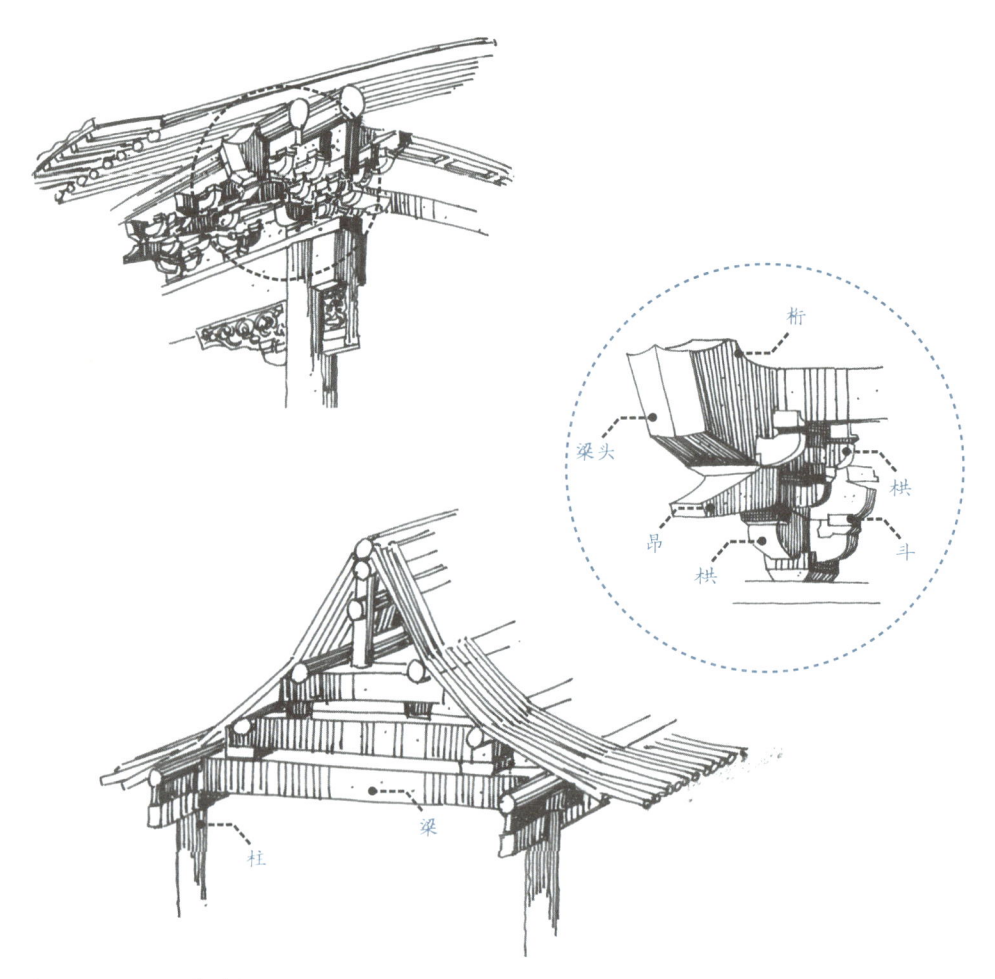

| 图 5-9　梁柱分解注释图

　　如嵩阳书院第五进院落的藏书楼（图5-11）为穿斗式架构。穿斗式又被称作立贴式，这样的架构沿建筑的进深方向，以檩的数量排柱，柱子直接承托檩而没有梁，而在柱子之间，由穿枋相连接支持。穿斗式的结构特征就是以柱间间距较小达到更稳固的效果。空间及内部形式没有严格限制，立面十分肃穆。

　　柱基为立柱起到了承托作用，稳固了建筑的根基，也让立柱不直接接触泥土而免于侵蚀，达到了保护立柱的作用。例如岳麓书院大门的梁柱结构、应天府及嵩阳书院的柱基（图5-12~图5-14）。

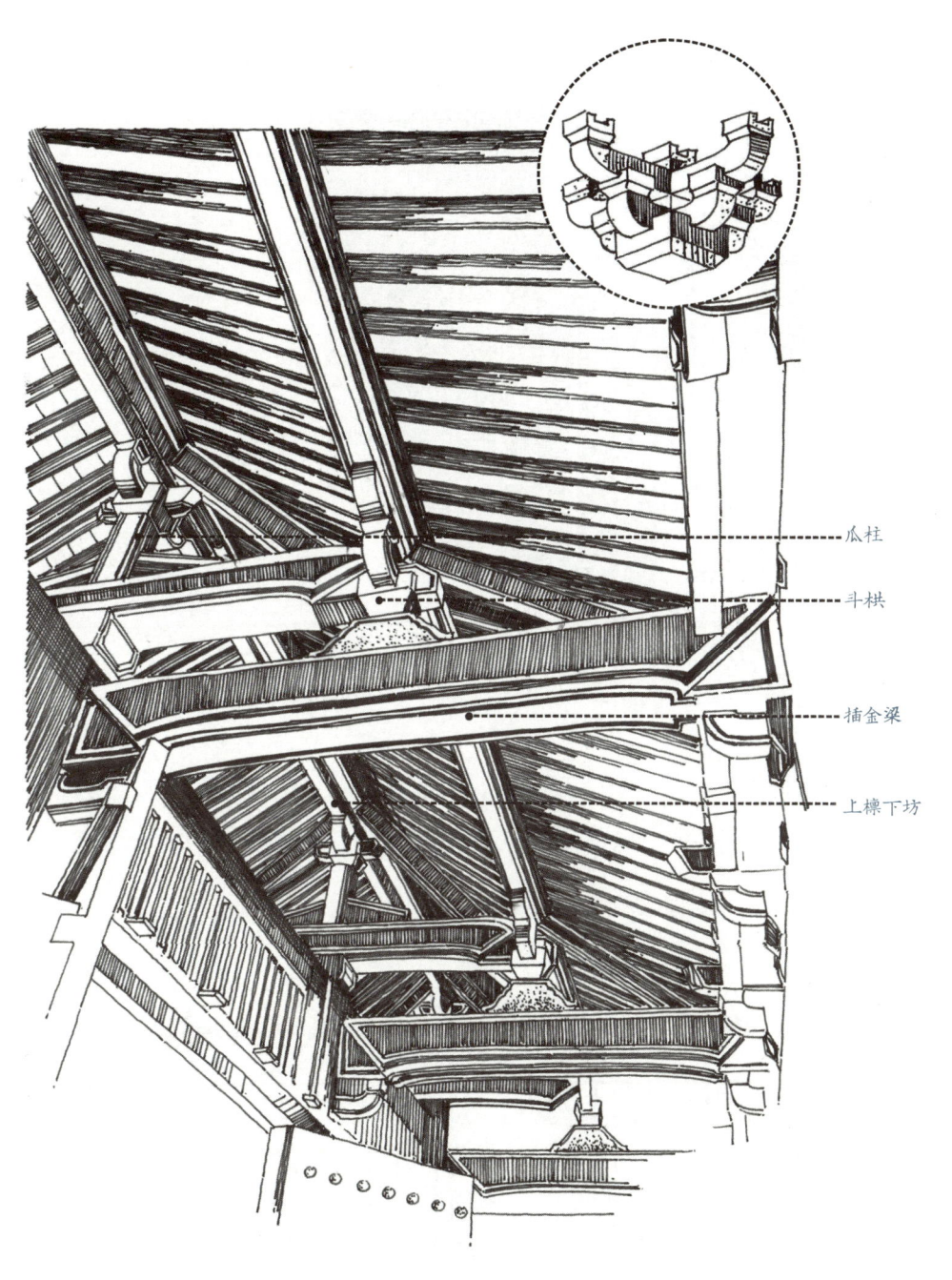

图 5-10 应天府书院的梁柱与斗栱结构

瓜柱
斗栱
插金梁
上檩下坊

图 5-11　嵩阳书院藏书楼

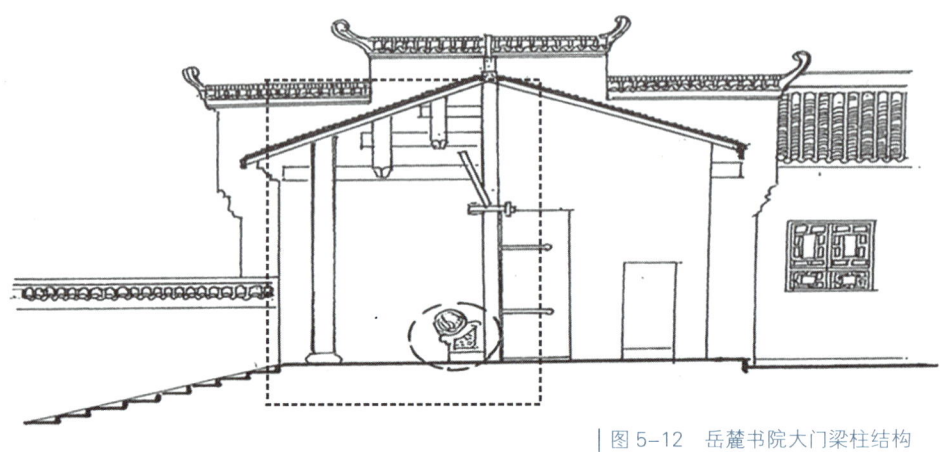

图 5-12　岳麓书院大门梁柱结构

第五章　建筑形解构 | 83

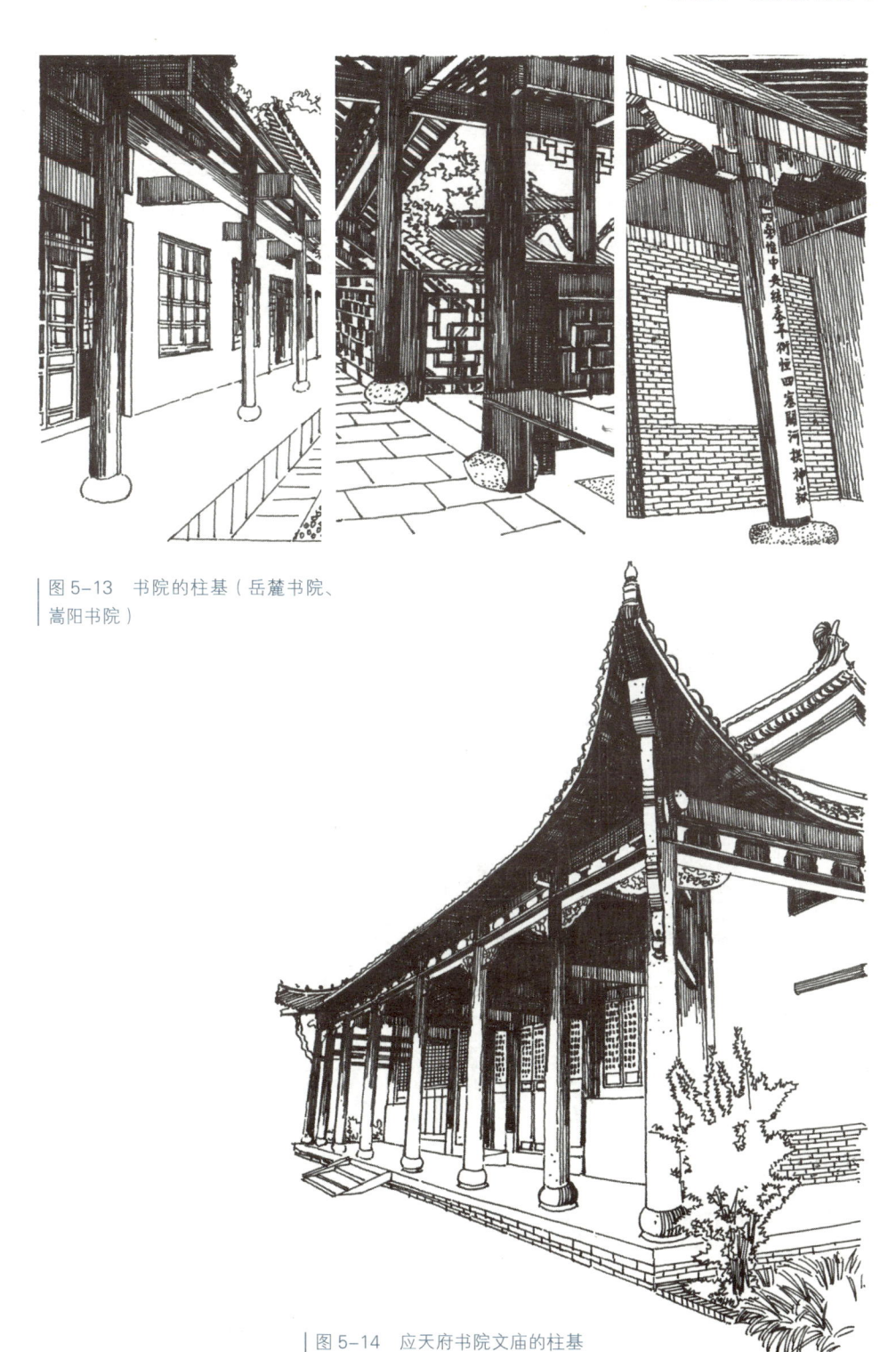

图 5-13　书院的柱基（岳麓书院、嵩阳书院）

图 5-14　应天府书院文庙的柱基

第三节　门头牌坊，初现书院

白鹿洞书院大门（图5-15、图5-16）是进入整个书院群落的入口，它也是作为书香之地与绿林苍翠的这两种氛围的交界融汇之处，因此书院大门的基调和庄重形式感显得尤为重要。书院大门为典型的砖木结合构造而成的单体门，即门自身即为一座独立建筑。大门屋顶为四坡重檐结构，上层的中脊为砖砌，两端出挑，四面砖砌的斜脊尖翘。门上的匾额由明代正德文学家李梦阳所书。

坊，也称作牌坊，是门的一种形式，为一字形列柱架构，没有太多厚度和进深，正面面阔是其主要表达的内容。这是一种具有极高纪念意义和象征意义的建筑形式。坊的主要建造材料为石材，一般可分为四柱三间式和二柱一间式。而形式更为复杂的坊又可分为主楼、夹楼和次楼。位于岳麓书院中轴线

| 图 5-15　白鹿洞书院大门（一）

上的文庙牌坊是四柱三间式（图5-17）。在顶部檐上分别配以对称的蚩鱼作吻，在台基底部分别配有四对壶瓶牙子和滚墩石。嵩阳书院的"高山仰止"坊（图5-18）以及白鹿洞书院的棂星门（图5-19）是典型的代表。棂星门又名灵星门，灵星所指为天田星，所以在许多中国古代祭祀建筑前都设立棂星门。棂星门的形制与华表相仿，也和牌坊相似。在书院中，棂星门也有培养栋梁英才、期盼人才辈出之意。白鹿洞书院的棂星门建于明代，保存完好，是现存十分古老的石作建筑之一。

图 5-16　白鹿洞书院大门（二）

图 5-17　岳麓书院的文庙"道冠古今"牌坊

图 5-18　嵩阳书院"高山仰止"坊

图 5-19 白鹿洞书院的牌坊

第四节　墙之内外，分割空间

墙在中国古建筑中有壁、坦堵等称呼，起到了划分空间的作用，定义了内与外、开放与闭合的关系和边界（图5-20）。在传统建造工艺中，墙按制作手法可以分为夯土墙、青砖墙以及石砌墙。部分墙体在建筑构造中不用承重，其应用形式也就灵活多样。而在起到一定承重作用的结构墙中，也根据所处位置分别命名：侧面的墙又作山墙，与槛窗相接的为槛墙，起到封闭走廊作用的廊墙和在屋檐之下的檐墙等。在山墙之中，又被阴阳五行之说分为金、木、水、火、土五种形式，与屋顶的寓意相仿，体现了古人期盼天人合一的美好愿景。如图5-21～图5-23所示，可见岳麓以及白鹿洞书院不同墙体分隔空间的示例。

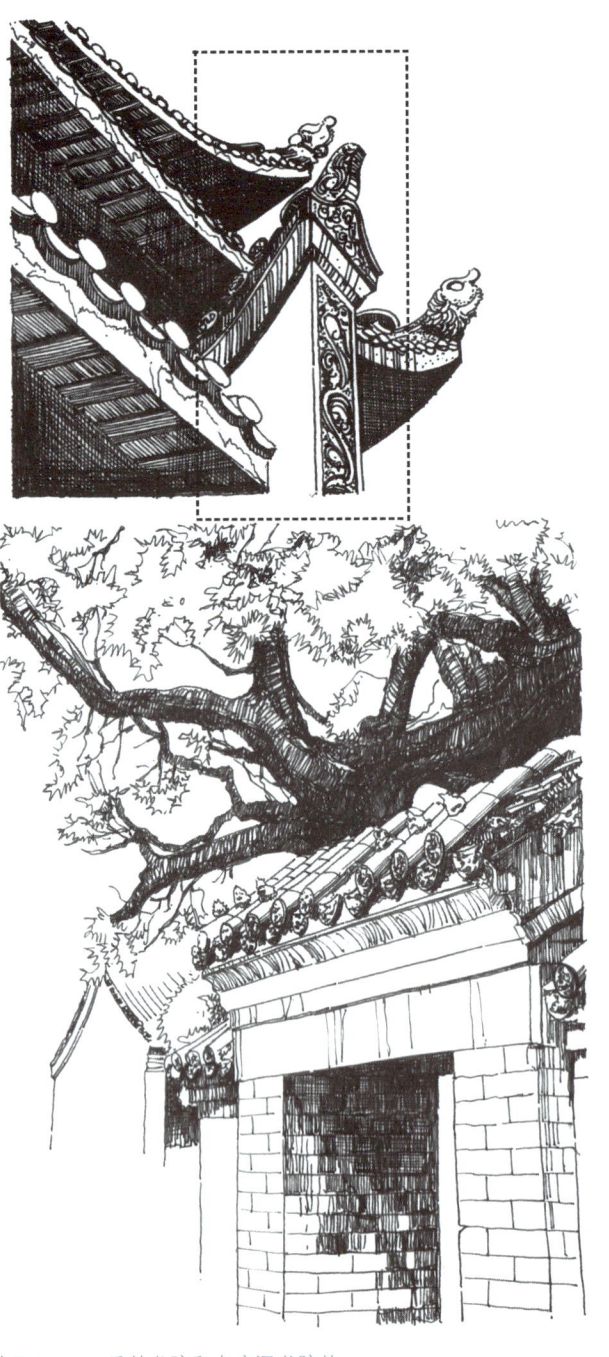

图5-20　岳麓书院和白鹿洞书院的墙体

图 5-21　白鹿洞书院分割空间的墙体示例（一）

a）岳麓书院墙面透视

b）岳麓书院墙面正立面

图 5-22　岳麓书院墙体图

图 5-23　白鹿洞书院分割空间的
　　　　墙体示例（二）

第五节　民俗雕饰，源远文化

书院建筑的装饰以及做法多汲取民俗文化的建筑特色，是民俗吉祥寓意和儒文化的融合，多表现为采取谐音以及比喻的手法来寓意，例如借用蝙蝠装饰传达多福的美好寓意。书院建筑的装饰材料则以砖石和木雕为主。砖石装饰主要为牌坊（图5-24）或者台基装饰，如栏板（图5-27）和基身等，体现书院文化朴素淡雅之美。木雕装饰主要为檐下檐上的装饰性构件（图5-25~图5-27）和门窗隔扇。装饰性构件有雀替、梁枋雕刻以及浮雕等。

图5-24　元献书院牌坊五福祥云
（位于江西省乐安县万崇镇万坊村）

图 5-25　潋江书院建筑装饰
（位于江西省赣州市兴国县
潋江镇文昌路横街小井头）

第五章 建筑形解构 | 93

| 图 5-26 嵩阳书院柱间木雕装饰

图 5-27　岳麓书院砖石装饰（1）
以及木雕装饰（2、3、4）

　　木雕装饰的另一种形式以隔扇门居多，其上部分多为镂空的图案装饰，造型精简，多以单个纹样循环往复为主。下部分一般有两种形式：门裙板从简，不做任何处理；在门裙板上雕刻民间的吉祥图纹、山水风景以及求学和励志典故等（图5-28）。

图 5-28 石鼓书院隔扇门及细部放大图样

第六节 讲堂为尊，传道授业

讲堂是书院教学和学术活动的主要场所，处于书院建筑的中心位置，在交通流线上和其他单体建筑多有直接关联，总领书院内部各空间。讲堂和斋舍分别承担了日常教学和生活功能，因此两者在空间位置和交通流线上往往紧密相连。以岳麓书院为例（图5-29、图5-30），斋舍位于大门与讲堂之间的左右

a）讲堂内部

b）讲堂鸟瞰

d）讲堂平面

c）讲堂正面

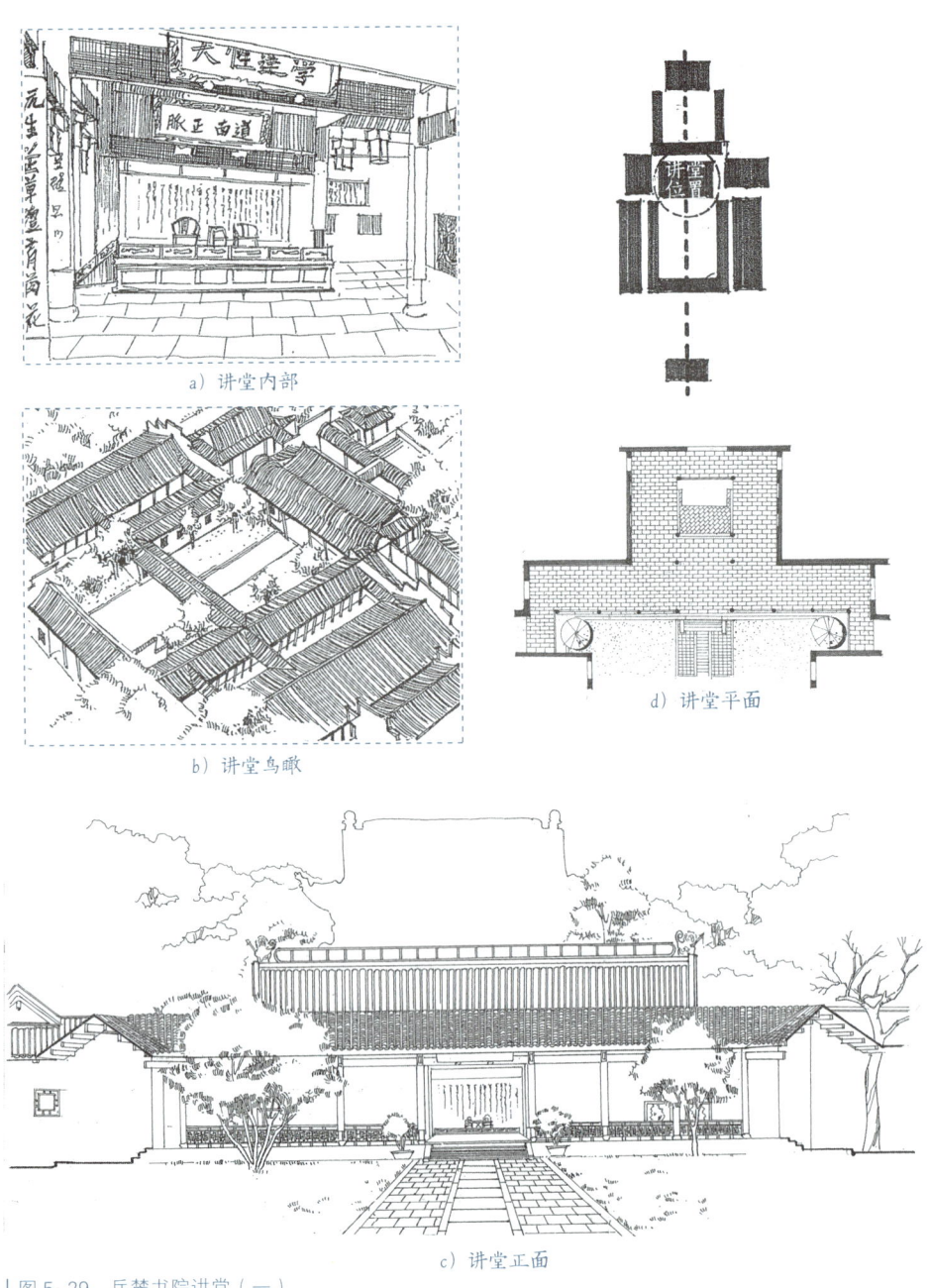

图5-29　岳麓书院讲堂（一）

a）讲堂石刻

b）讲堂"学达性天"与"道南正脉"牌匾

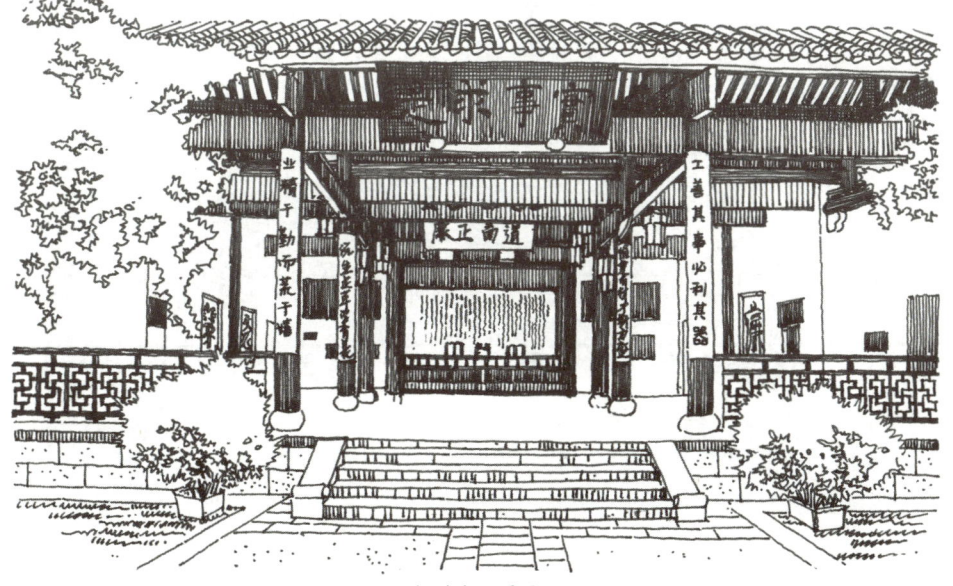

c）讲堂正面图

图 5-30　岳麓书院讲堂（二）

两侧，布局南北相对，形成"讲堂五间，斋舍五十二间"的规模。《潭州岳麓山书院记》有载："外敞门屋，中开讲堂，揭以书楼，序以客次。塑先师十哲之像，画七十二贤，华衮珠旒，缝掖章甫，毕按旧制，俨然如生。请辟水田，供春秋之释奠"，可见岳麓书院从建设之初就满足讲堂讲学、藏书楼藏书和祠宇祭祀等三大主要功能。相较于其他书院的讲堂如图5-31、图5-32所示，岳麓书院讲堂在功能布局与设置上更为完备。

| 图 5-31　阳明书院讲堂

a) 嵩阳书院平面

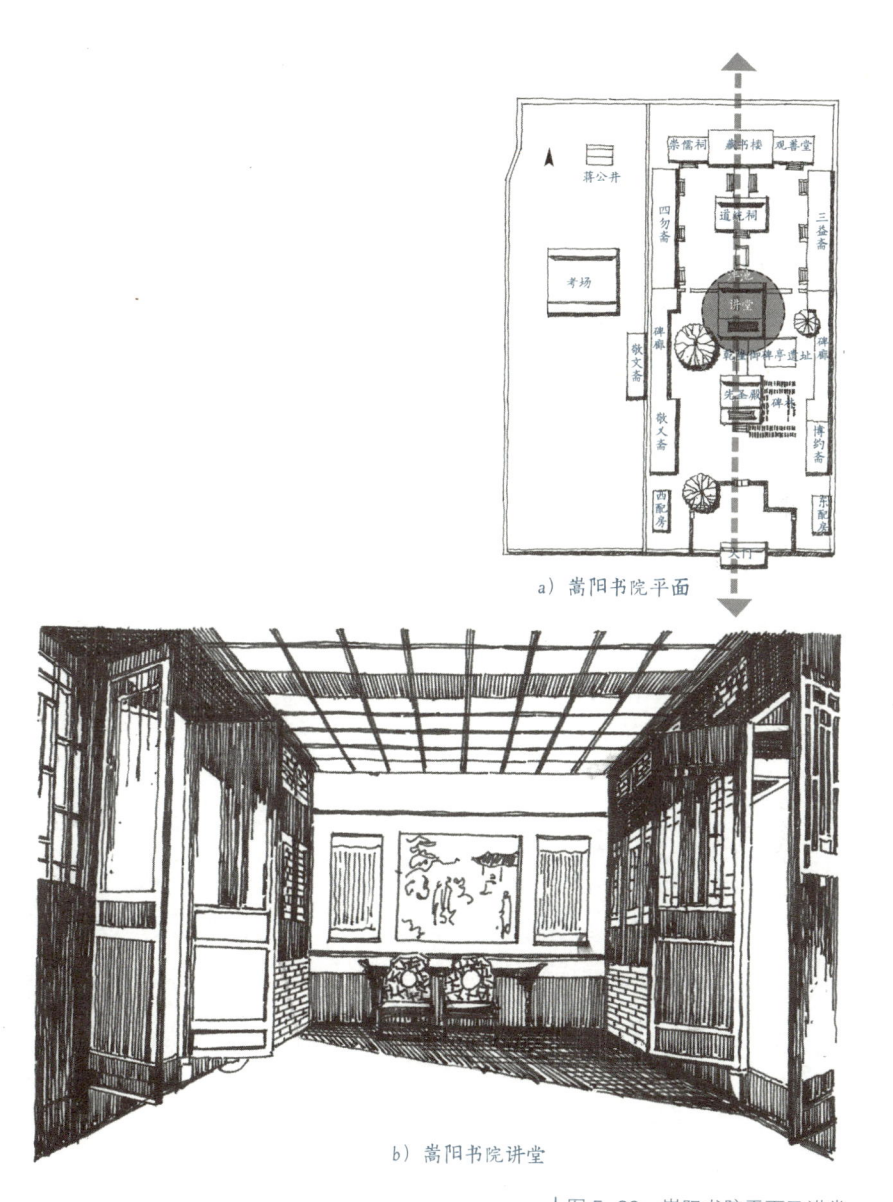

b) 嵩阳书院讲堂

图 5-32 嵩阳书院平面及讲堂

第七节 藏书于阁，传承文化

藏书阁（楼）是古代书院建筑重要组成部分。无论规模大小，书院皆以教学为重并兼顾自学，因此在古代藏书楼的规模和藏书的数目直接反映了书院的地位。书院建筑起源于唐代，能被称为正式书院的场所大约有两类：中央政府设立的用于收藏、校勘和整理图书的机构；民间设立的供个人读书治学的场所。到了南宋时期，有些书院也开始承担书籍出版（刻书）的职能，比如吉州的白鹭洲书院和六安的龙山书院就曾在很长一段时间内负责刻印古籍。随着科举制度的发展和完善，各书院也开始广招学子，扩大规模。为了进一步打响书院自身的名声，书院发展到一定规模之后也开始与地方官员合作，向皇家求赐经卷。比如位于岳麓书院内的御书楼（图5-33～图5-35），始建于宋咸平二年（999）。咸平四年（1001），宋真宗御赐国子监经文、义疏及《史记》《玉篇》《唐韵》等书，成为历代皇帝御赐书籍之始。后再获数次赐书，也历经多轮重建并更名为藏经阁（1165）、尊经阁（1314）。最近一次重建在1987年，重建御书楼位于原址之上，两侧设碑廊与讲堂连接，中间水池、石桥原为文昌阁旧址，同时也恢复重建宋明时期的汲泉、拟兰两亭于左右。御书楼是岳麓书院中除了讲堂之外的另一座重要的建筑。重檐歇山式阁楼位于书院中轴线的终点，处于整个书院建筑群落的最高点，体现极强的"压轴"效果。与之功能性质相似的还有白鹿洞书院的御书阁（图5-36）。

| 图 5-33　岳麓书院御书楼（一）

a) 一、二、三层平面

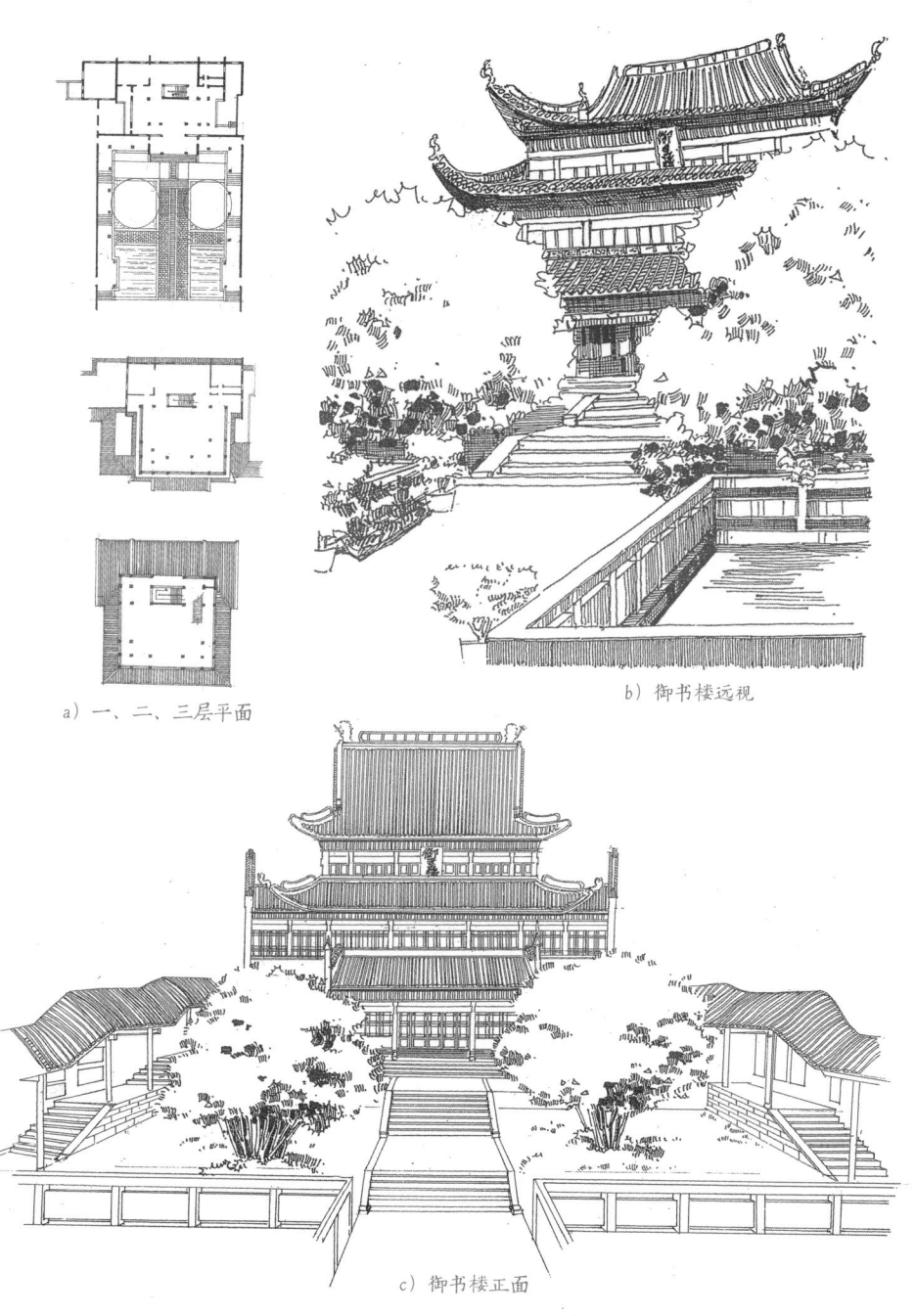

b) 御书楼远视

c) 御书楼正面

图 5-34 岳麓书院御书楼（二）

a) 御书楼侧立面

b) 御书楼侧面

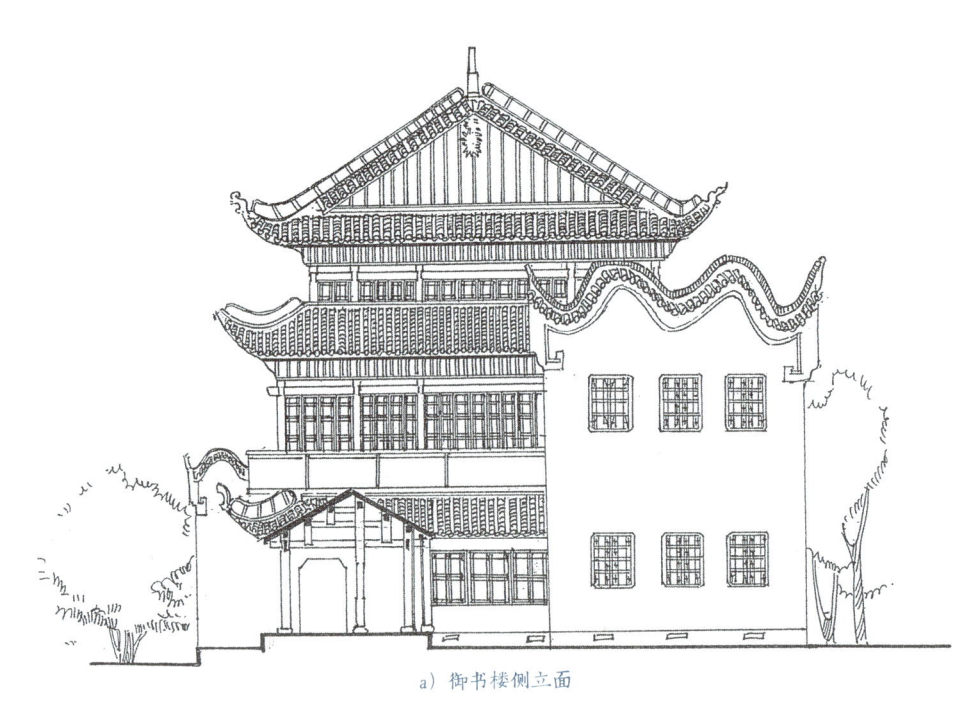

图 5-35　岳麓书院御书楼（三）
（杨慎初《岳麓书院建筑与文化》）

图 5-36　白鹿洞书院御书阁

第八节　学院先贤，德育后辈

如果说讲堂、斋舍和藏书楼的建造是为了满足书院讲学、生活、研习等各种功能性需求，那么祠堂与文庙的设置则充分反映了书院的精神性需求。祠堂也称先贤堂，是供奉和纪念先贤、乡贤和对书院"有功之人"的建筑，如阳明书院的五贤祠和魁星阁（图5-37），岳麓书院的濂溪祠以及四箴亭（图5-38），白鹿洞书院的朱子祠、春风楼等。作为古代非官方教育体系下德育的重要组成部分，祭祀除了表达纪念的意义，为学子们树立和先贤的亲近感"见贤思齐"，更重要的是彰显书院的学派渊源和历史地位。和藏书楼相似，祠中纪念的名人越多则越能体现该书院的历史渊源和崇高地位。

图 5-37　阳明书院的五贤祠和魁星阁

第五章 建筑形解构 | 105

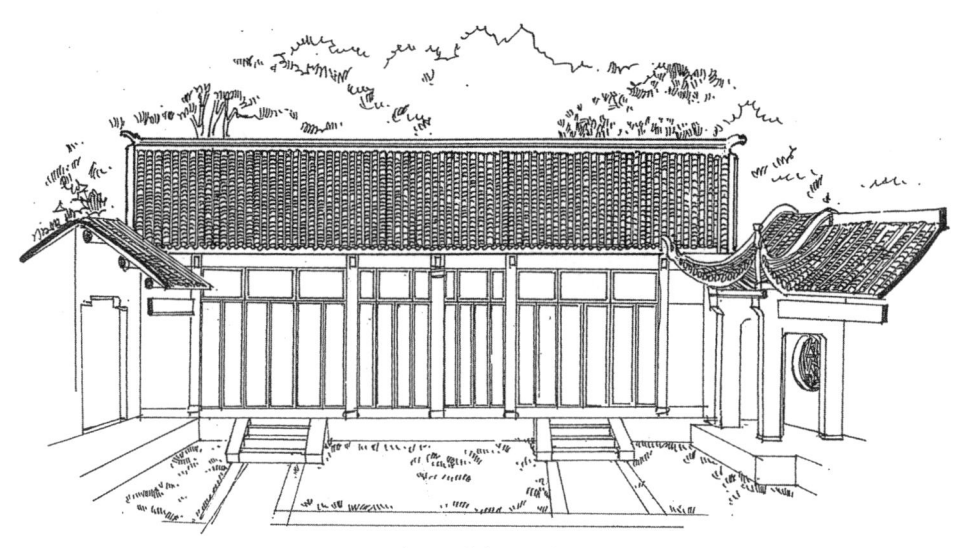

a）专祠四箴亭和濂溪祠正面

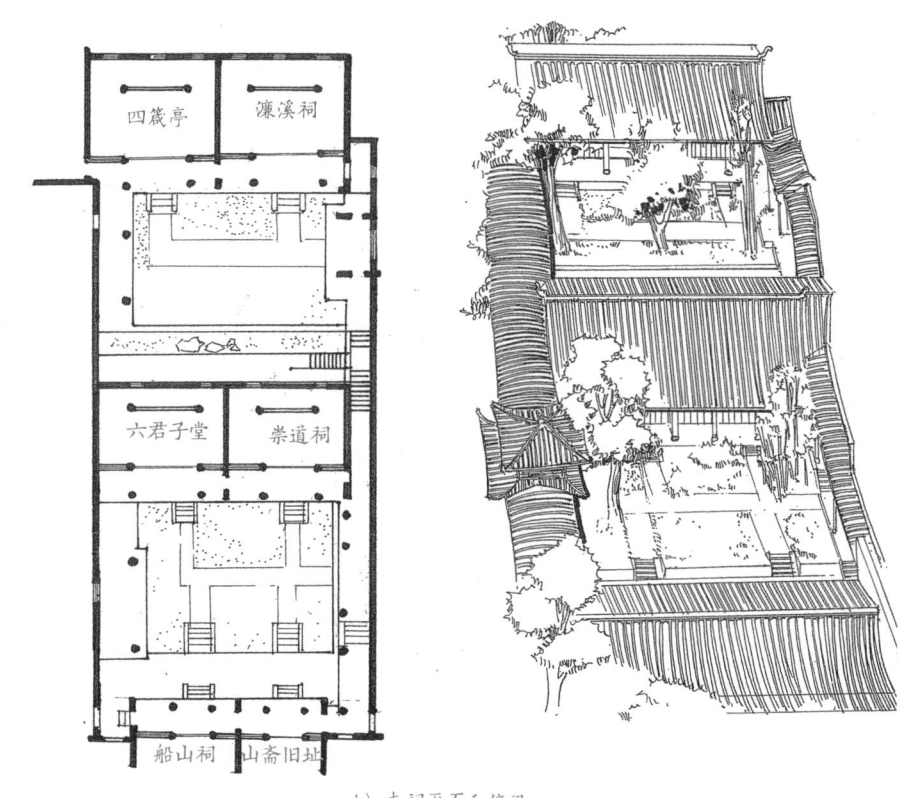

b）专祠平面和俯视

图 5-38 岳麓书院专祠

与祠堂纪念先贤意义一致的还有文庙（图5-39）。文庙是供奉儒家祖师孔子的建筑，是书院建筑内最高等级的祭祀建筑（图5-40、图5-41）。在兼有文庙和祠堂的大型书院中，祠堂用于供奉与书院有直接学术渊源的祖师先贤，而文庙则是用于供奉天下学子的至圣先师孔子和孟子。书院文化的兴盛其实也反映了中国古代先贤极力推崇和延续儒家思想以及"孔孟之道"的文化精神。

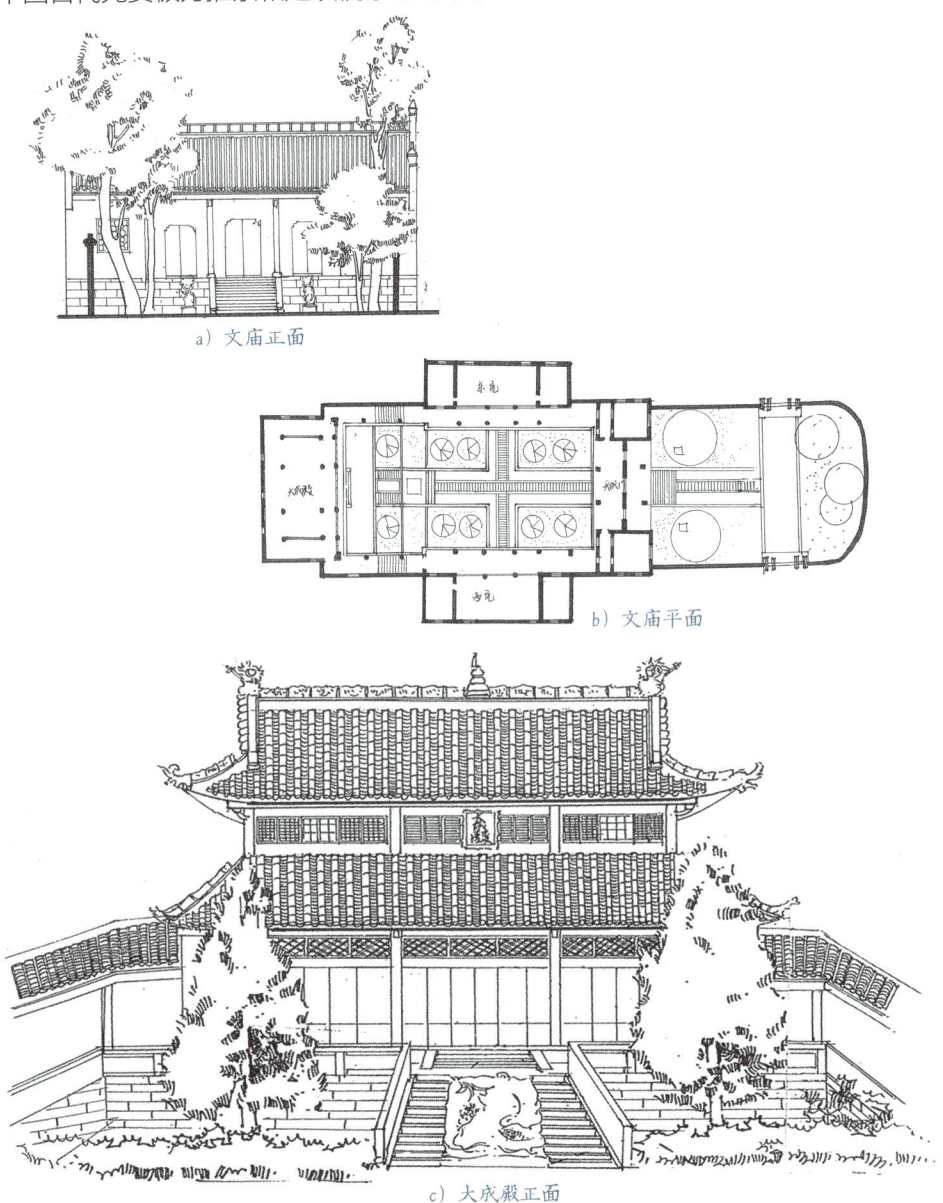

a）文庙正面

b）文庙平面

c）大成殿正面

图 5-39　岳麓书院文庙

第五章　建筑形解构 | 107

图 5-40　岳麓书院文庙正面

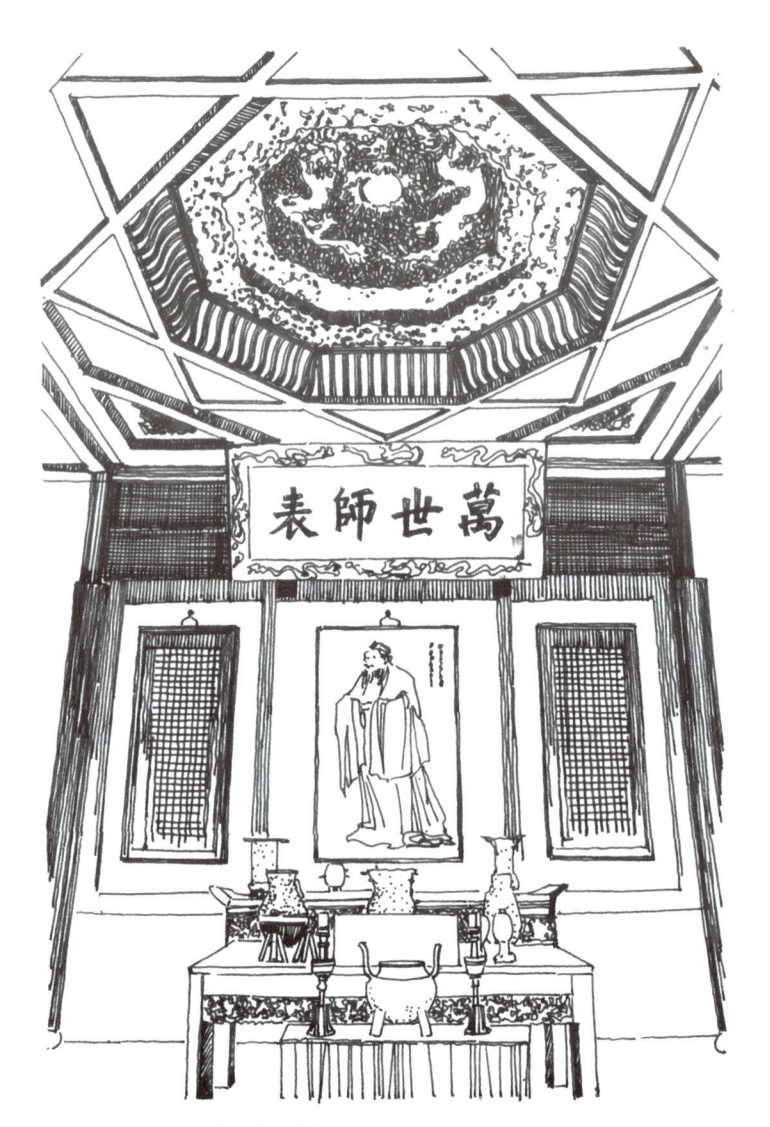

图 5-41 岳麓书院大成殿内部

第九节 师生之舍，日常居所

学生斋舍一般位于书院前半部分。以岳麓书院为例，学生斋舍（图 5-42、图 5-43）位于大门与讲堂之间的左右两侧，南北相持。斋与舍有所区别：斋一般指书房和学舍；舍即日常生活所用房屋，如"寒舍""敝舍"。现在大学生宿舍一般采用"上舍下斋"的格局。

第五章 建筑形解构 | 109

图 5-42 岳麓书院学生斋舍（一）

图 5-43 岳麓书院学生斋舍（二）

110 | 古书院物语：图解中国书院形制与意趣

　　沿着教学斋和半学斋的通道，穿过讲堂往左即为百泉轩。百泉轩为师长日常居所，环境选址更为清幽。岳麓书院历代山长因有溪泉之好，故造轩而居。（图5-44、图5-45）。

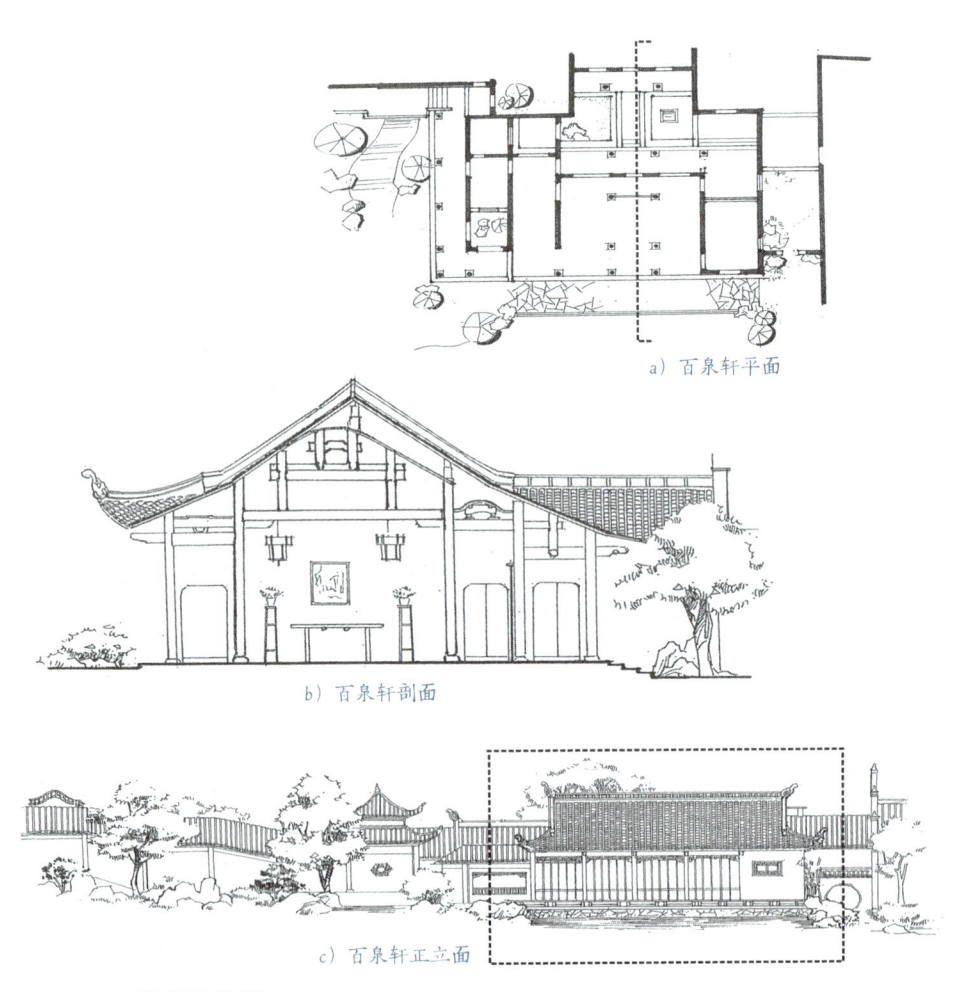

a）百泉轩平面

b）百泉轩剖面

c）百泉轩正立面

图5-44　岳麓书院百泉轩（一）

a）百泉轩西立面

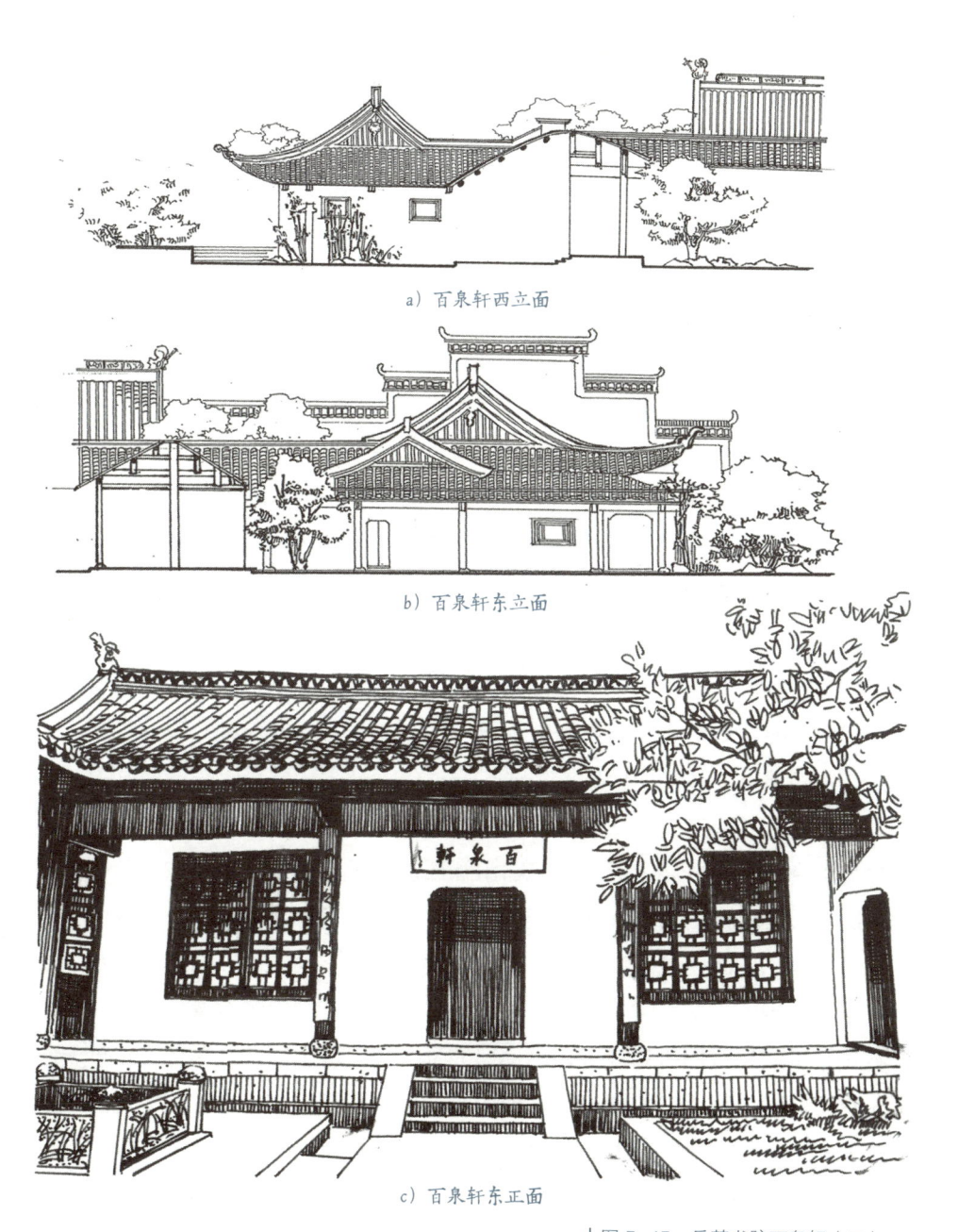

b）百泉轩东立面

c）百泉轩东正面

图 5-45　岳麓书院百泉轩（二）

第十节　构造艺术，形制之美

中华文化源远流长，对中国古代建筑的研究俨然已经形成了一套反映传统文化意识，并映射出隐含的政治和权力关系繁杂的理论系统。中国古代建筑尤其是公共建筑，特别强调主体建筑与周边附属建筑之间的关系，这充分体现了传统审美价值与政治伦理价值的高度统一，表现出鲜明的人文主义精神。因此，对中国古代建筑空间的研究不能从孤立的单体出发，而必须通过对建筑主体与配殿的相互关系、内外功能空间解构与建筑美学认知、空间使用体验与象征意义的综合评估，最终才能得出较为完整的结论。综上，对书院主题空间的解析也要从两个方面入手。

（1）内部空间与整体环境的营造

中国传统文化中对内部空间概念的描述，最早的记载大概是出自《道德经》中"凿户牖以为室，当其无，有室之用也"。虽然此句的原意并不在定义建筑和空间的概念，但它从侧面反映了古人对房子及其内部空间的理解——四面有墙，墙上开门窗，围合而成的一个室内空间。在中国古代建筑研究中，内部空间的定义、描述和研究范围相对明晰。而对外部空间的定义则相对模糊，小至建筑群落布局，大至山川河脉都无一不可作为书院外部空间设计和营造的元素。书院建筑单体的内部主要是通过模式化的开间和层高以营造空间感。而书院的外部空间营造则可从最初的选址进行分析。如前文所述，历代书院对选址极为讲究，多选择背山面水，左右山林环抱；强调师法自然，依山就势，前卑后高，层层叠进，错落有致。回顾素有"四大书院"之称的白鹿洞书院、岳麓书院、嵩阳书院、应天府书院，其选址均体现了该原则。以自然为审美的山水美学和以阴阳相济为讲究的风水学推动了建筑选址学说的发展，古代书院建筑在选址上已经能通过对外部自然环境的选择，传达出古往今来源于耕读，服务于官考科举，最后又归林隐退寄情山水的哲学意趣。当跨过建筑大门真正步入书院时，就进入了一个由书院建筑群营造的"求学""求问"的氛围。

如图5-46所示，整个书院重要建筑的布局显得特别方正，书院以头门——赫曦台——大门——二门——讲堂——御书楼为中轴线，布局符合人的行为和视觉习惯，借助地理优势，层层递进，越往后越显庄重，到轴线末端由御书楼压轴最显庄严。从大门进入后，随着在中轴线前进，行进间逐渐突出御书楼作为压轴的地位，对书院这类群落式建筑的结构成为一个结合内部与外部空间研究的过程。虽然中国古代建筑理论对庭院尺度的关注并不多，但从西方的广场与建筑等外部空间研究理论中，我们也能寻找一些对中国古代建筑中的院落与建筑研究的指引。从卡米诺·西特（Camillo Sitte）、克利夫·芒福汀（J.C.Moughtin）到芦原义信，他们提出的所有关于广场与建筑的空间感的理论，归根结底都可以推演到广场宽度和建筑物高度之间的比例关系。芦原义信根据自身体验对比例关系的取值进行了解释：在间距（D）与建筑高度（H）的比例 $D/H<1$ 并逐渐减小时，会产生空间的近迫感；而当 $D/H>1$ 并逐渐增大时，则产生空间的远离感（图5-47）。而在书院建筑中，适当的围合感和视觉焦点的聚向是在呼应对礼制、形制和师道尊严的要求。以岳麓书院中从大门进入按中轴线行进的过程为例，人对于作为中轴线上的压轴建筑的御书楼的视角逐渐产生14°、18°、27°、45°的变化，御书楼在行进过程中始终作为一个标志物存在并逐步加深庄严感。

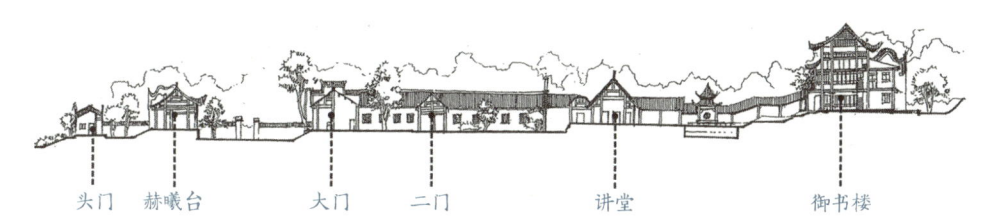

| 图 5-46　岳麓书院中轴线

| 图 5-47　芦原义信的庭院空间尺度分析法

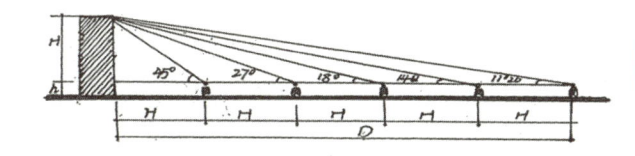

注：H：界面的高度，D：人与界面的距离。
1）当 $D/H=1$，垂直视角为45°时，可看清界面细部，空间具有良好的封闭感。
2）当 $D/H=2$，垂直视角为27°时，是观察整个界面的最佳视角，空间内聚向心，而不致产生离散感。
3）当 $D/H=3$，垂直视角为18°时，能看到界面与背景的关系，空间离散，围合感差。
4）当 $D/H=4$，垂直视角为14°时，空间基本失去封闭感，具有开放性，当 D/H 进一步提高，空间封闭感完全消失，只能进行远景轮廓的研究。

（2）构造艺术与建筑美学的统一

中国古建筑的另一个显著特征即历朝历代在对木结构体系的应用与改良中使其构造与技巧日趋成熟。古代建筑的基本单元是通过柱、梁和枋构成的基本框架"间"。"间"可以左右相连，也可以前后相接从而形成"进"，还可以上下相叠从而形成"层"，甚至可以通过错落、旋转、斜切等变化，做出六角或八角等亭、台、塔样式的建筑。如前文所述，即使是运用同样的结构和平面模数，在屋面和檐角的设计、装饰上依然可以通过建筑功能、等级与古代神话对应和结合，缔造重檐、勾连、穿插、披搭等式样，以增加每一个建筑单体在细节上的结构和造型之美。

第六章

考察篇

第一节　岳麓书院

导览：天下书院之首的岳麓书院位于湖南长沙的岳麓山脚下，左右有天马山与凤凰山阙然相对，面临湘江，与长沙古城区隔江相望，形若天然门户，景深静谧。湖南大学建筑学院柳肃教授曾说："这里有一股文气，是适合读书的地方"，非常凝练地概括了书院的气质。书院为串并联式的院落格局，有明显连续性和节奏感，交通流线多样但流向清晰，可形成多条浏览活动路线，灵活多变。

作者团队曾共赴书院实地考察。首站即选定岳麓书院（图6-1），虽曾无数次踏足，但仍为其古朴的气质和大家风范而感到惊艳。

图 6-1　岳麓书院大门

本节以岳麓书院游览路径（图6-2）及其独特的八景展开，试图描绘其古与今、静与美。作为历史悠久的文化名山，岳麓山曾是儒释道三教融合的圣地之一（图6-3）。岳麓书院矗立于巍峨的麓山脚下。它与爱晚亭、麓山寺、湖南大学古建筑群以及青山绿水一起聚集成传统文化的合力。行走于庭院内，时常仿佛与世隔绝。

说起岳麓书院的历史源流，最先当属脍炙人口的"朱张会讲"（图6-4）。朱张会讲又名"岳麓朱张会讲"，据载，南宋乾道三年（1167），朱熹自福建崇安出发来到长沙岳麓书院与张栻就《中庸》之义的"未发""已发"及察识持养之序等问题进行讲论，据称"三日夜而不能合"（王懋竑《朱子年谱》）。慕名前来听讲的学士万人空巷，听讲之人多到岳麓书院饮马池的水都被马匹饮尽（图6-5）。

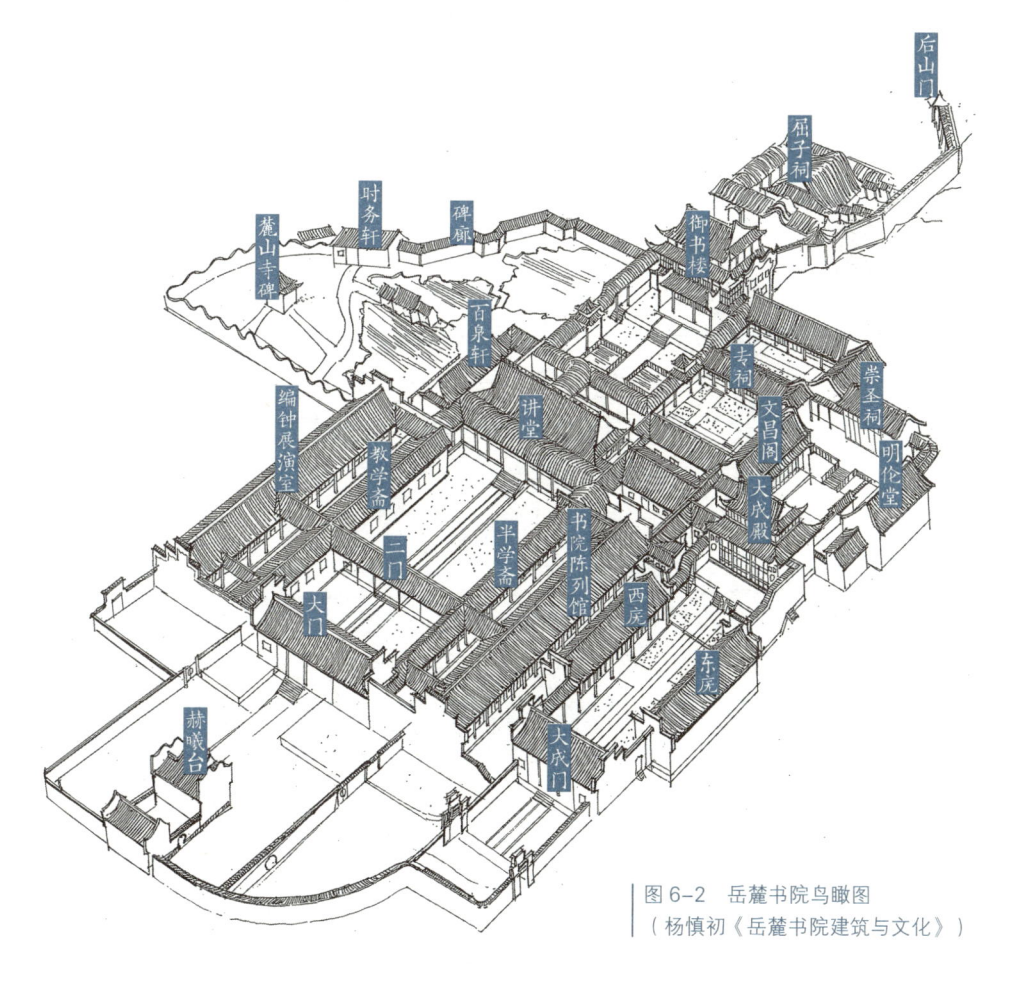

图 6-2　岳麓书院鸟瞰图
（杨慎初《岳麓书院建筑与文化》）

| 图6-3 绿丛掩映的岳麓书院

| 图6-4 朱张会讲

图 6-5　饮马池

　　走过饮马池就来到了岳麓书院的主体建筑群。与其他书院一样，岳麓书院历经战火的洗礼几度遭到重创，而后又经多次修复。书院占地面积 21000 平方米，在平面布局上采取的是中轴对称、纵深多进的院落形式。

　　穿过头门来到赫曦台。据史载，朱熹在岳麓书院讲学期间经常登山赏日出，他在《云谷山记》中说道："余名岳麓山顶曰赫曦"。故张栻于山顶建台，朱熹题额"赫曦台"，后废。清乾隆年间，山长罗典在大门前坪建一台。而后在历史的变迁中几次改建，在明清时期由于戏曲文化达到高潮，赫曦台的形制逐渐偏向后世戏台的建筑样式（图6-6～图6-8），其墙面纹饰和内部空间也越来越体现世俗化的特点。

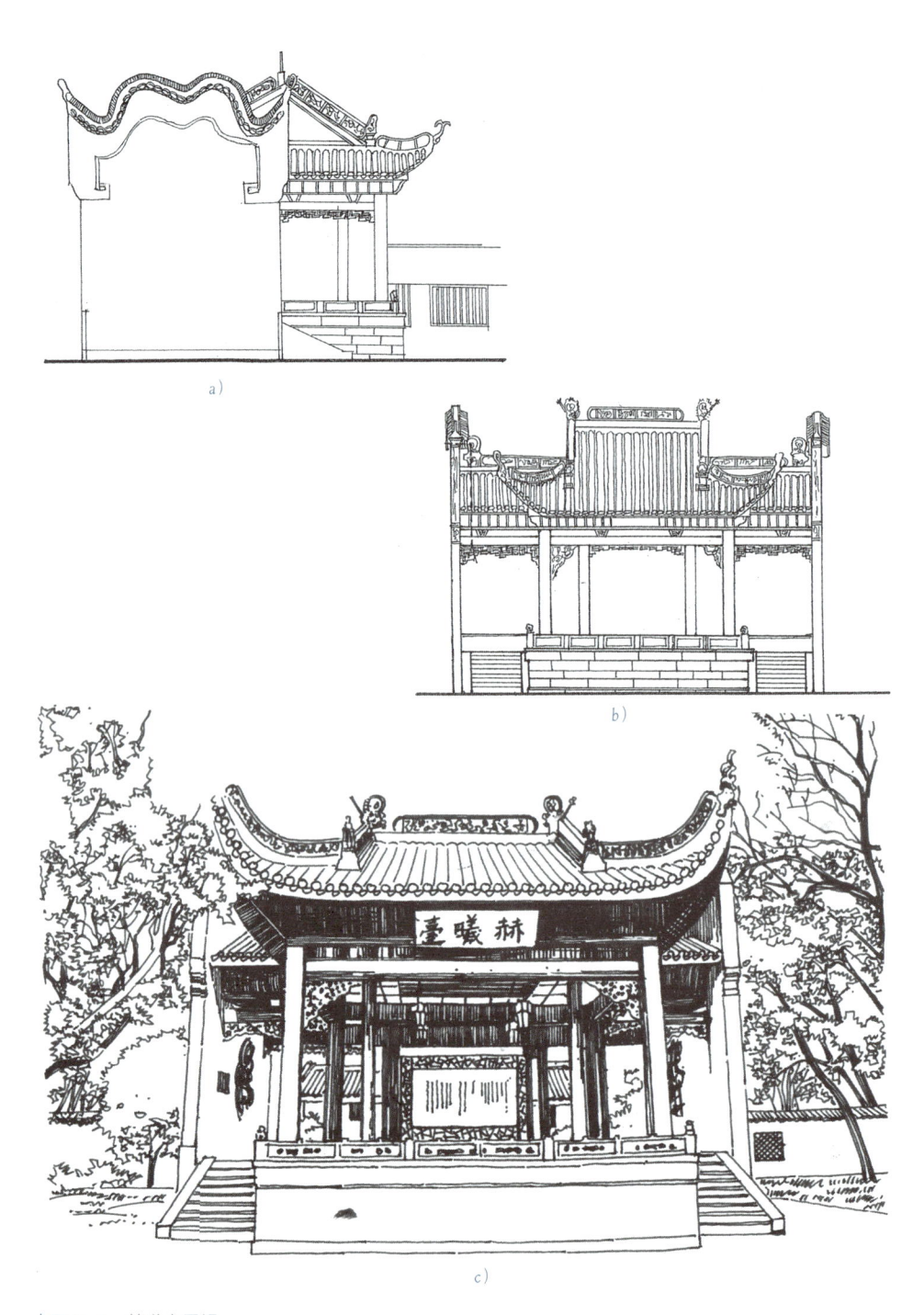

图 6-6 赫曦台平视

a) 赫曦台侧立面　b) 赫曦台正立面　c) 赫曦台正面透视

第六章 考察篇 | 121

图 6-7 赫曦台仰视

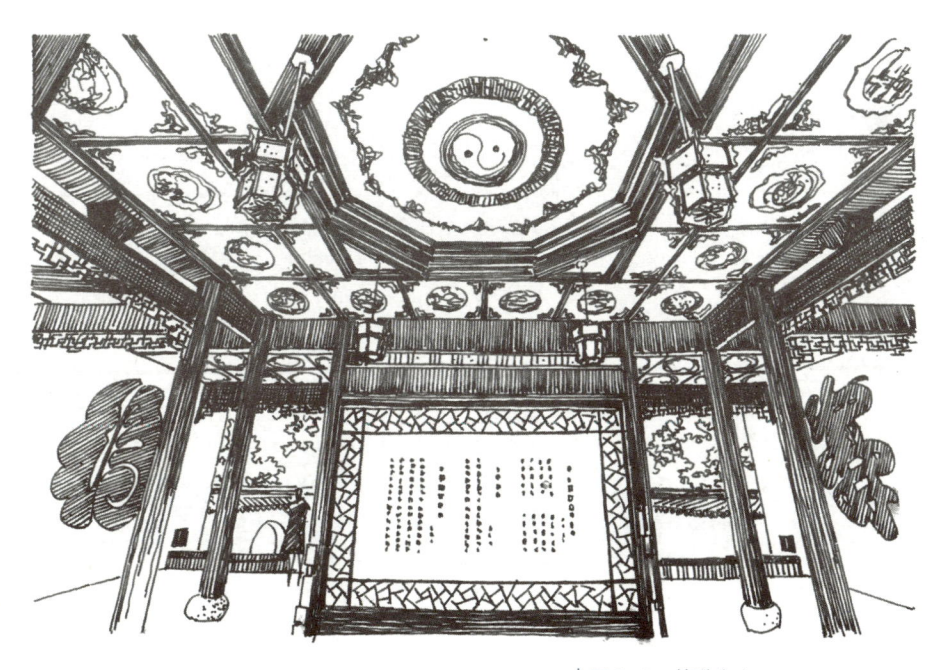

图 6-8 赫曦台上

岳麓书院的大门有十二级台阶，整体风格大气威仪。门额为宋真宗赐书，大门两旁悬有对联"惟楚有材，于斯为盛"，为清嘉庆年间山长袁名曜与贡生张中阶合撰而成（图6-9、图6-10）。大门之后即为二门（图6-11），庭院中的几株古银杏树在不同季节都显得格外美丽，尤其深秋之际，金黄的树叶落下来铺满台阶与庭院，意境幽深。

穿过二门即至书院的主体建筑——讲堂。因这两部分的内容在前文建筑分析中有较为翔实的描述，故在此不多赘述。同样省略的还有文庙建筑群的分析。穿过讲堂便来到了书院中轴线的尽头——御书楼。全盛时期曾集书超过十万册，现为湖南大学图书馆，成为供岳麓书院师生研读理学的资料库（图6-12～图6-15）。御书楼作为中轴线上的制高点，从上至下俯瞰，书院整体建筑群尽收眼底。

| 图6-9 岳麓书院大门近景

图 6-10 岳麓书院大门中景

图 6-11 二门背面

图 6-12　御书楼前亭台

图 6-13　御书楼

第六章　考察篇 | 125

| 图 6-14　御书楼眺望

| 图 6-15　御书楼周遭

书院主体建筑群至此结束，之后便是书院景观丰富的后院园林。岳麓书院的建筑与园林主次分明、相辅相成。前有建筑群体中的古银杏美景（图6-16），后有各类庭院、廊轩营造的别致小景，还有因地势所成的爬山廊景观（图6-17～图6-21）。

| 图6-16 讲堂前庭的古银杏

第六章 考察篇 | 127

图 6-17 回廊

| 图 6-18　斋舍庭院

| 图 6-19　廊架

第六章 考察篇 | 129

图 6-20 爬山廊（一）

| 图 6-21　爬山廊（二）

书院山长罗典（1719—1808）于乾隆五十四年（1789）开始兴建书院八景：柳塘烟晓、风荷晚香的水景；庭园中的花墩坐月、碧沼观鱼；桃坞烘霞、桐荫别径、竹林冬翠、曲涧鸣泉（图6-22~图6-28）。其中，柳塘烟晓是指书院大门南边一座蘑菇状的草亭及周围垂柳。风荷晚香则为夏日黄昏时，观吹香亭池中荷花的美景。花墩坐月描述的是夜色中人在露珠清凉的园中赏月时天人共处的景致。碧沼观鱼描述的是筑亭台假山、引岳麓山清风峡溪流，造园林美景。桃坞烘霞意指书院大门坡下的一片被称为"桃李坪"的桃林。桐荫别径是文庙通往爱晚亭的一条曲径，周边桐树环绕，故此得名。现在虽无桐树，但周边仍有古树参天。竹林冬翠位于书院西侧，冬雪来临之时，藏不住的尖尖竹叶从雪中冒出，与纯白的雪交相辉映。曲涧鸣泉中的清风峡是指爱晚亭流经书院园林的溪流，每逢下雨，山中的水顺流而下，汇集于此。

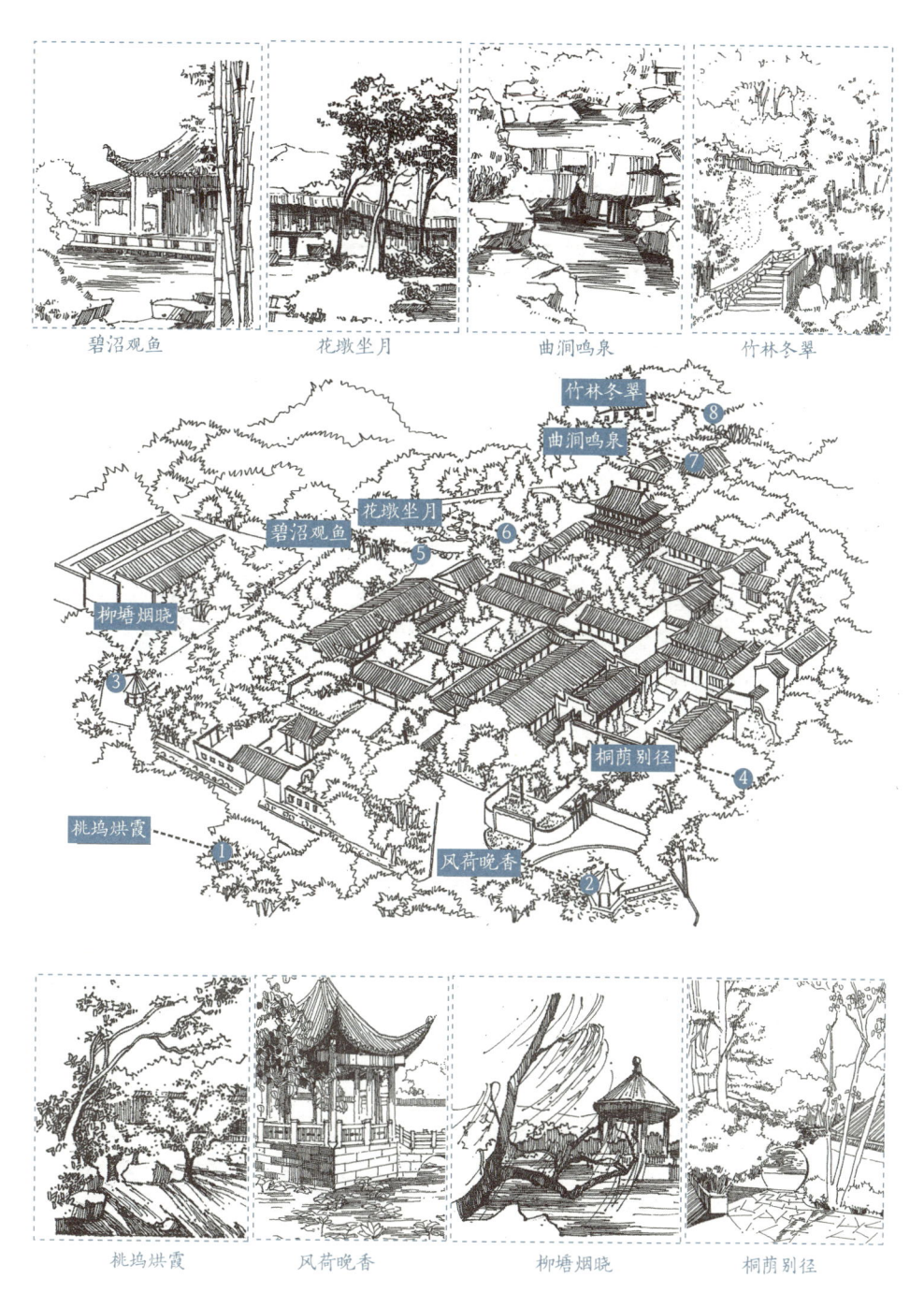

碧沼观鱼　　花墩坐月　　曲涧鸣泉　　竹林冬翠

竹林冬翠
曲涧鸣泉
碧沼观鱼
花墩坐月
柳塘烟晓
桐荫别径
桃坞烘霞
风荷晚香

桃坞烘霞　　风荷晚香　　柳塘烟晓　　桐荫别径

图6-22　岳麓书院八景分布图

图 6-23 书院八景

a）桃坞烘霞　b）柳塘烟晓　c）花墩坐月

"书院八景"虽为罗典悉心营建,但真正命名并使其广为流传的是其学生们的传扬。有诗《岳麓八景》:

> 晓烟低护柳塘宽,桃坞霞烘一色丹。
> 路绕桐荫芳径别,香生荷岸晚风抟。
> 鸣泉涧并青山曲,鱼戏人从碧沼观。
> 小坐花墩斜月照,冬林翠绕竹千竿。

独属岳麓书院的八景为世人留下了深刻的记忆,这些也从侧面为后世提供了了解先贤、热爱自然、追求美感的渠道,同时也是诗意学习和生活最好的写照。

图 6-24 书院八景之风荷晚香

图 6-25　书院八景之碧沼观鱼

图 6-26 书院八景之曲涧鸣泉

| 图 6-27　书院八景之桐荫别径

第六章 考察篇 | 137

图 6-28 书院八景之竹林冬翠

第二节　石鼓书院

导览：湖南衡阳石鼓山侧的石鼓书院三面环水，院门前设有长廊以及禹碑亭等作为水陆结合带，十分独特。书院呈中轴对称布置，但院门位于中轴线左下角，和前导景观序幕轴线相连，稍与书院的中轴线偏离。现存的石鼓书院在郭建衡先生的促成下，由政府牵头举公众之力捐款依照修旧如旧的原则依清制恢复了古书院的基本形制。

书院坐落在今湖南衡阳市城北区湘江与蒸水交汇处。山因巨石如鼓而得名，宋代在此建立书院，名为"石鼓书院"。后世造园者在书院入口处竖立一面石鼓，至今犹存。其斑驳纹路映衬着书院久远的历史（图6-29）。它承载了书院辉煌历史的同时，也负载着学子们的人文理想。

图6-29　石鼓书院之石鼓

"山为脊梁，水为精髓，建筑为五官，植物为毛发，碑刻雕塑为缀饰"，石鼓书院宛若文化"精灵"飘然落在了这清幽的山水之中。因位于三面环水的三角洲上，湘江、蒸水、耒水交汇之处故而无须以院墙与外界相隔。开放的水体是与外界最好的屏障，岛上面积约4000平方米（图6-30～图6-32）。举市民之力重修的石鼓书院，新增了许多适合当代人休闲特点的雕塑小品，例如在广场西边的右入口开敞地带，设有一本长2米，宽约1.8米的石书小品，上

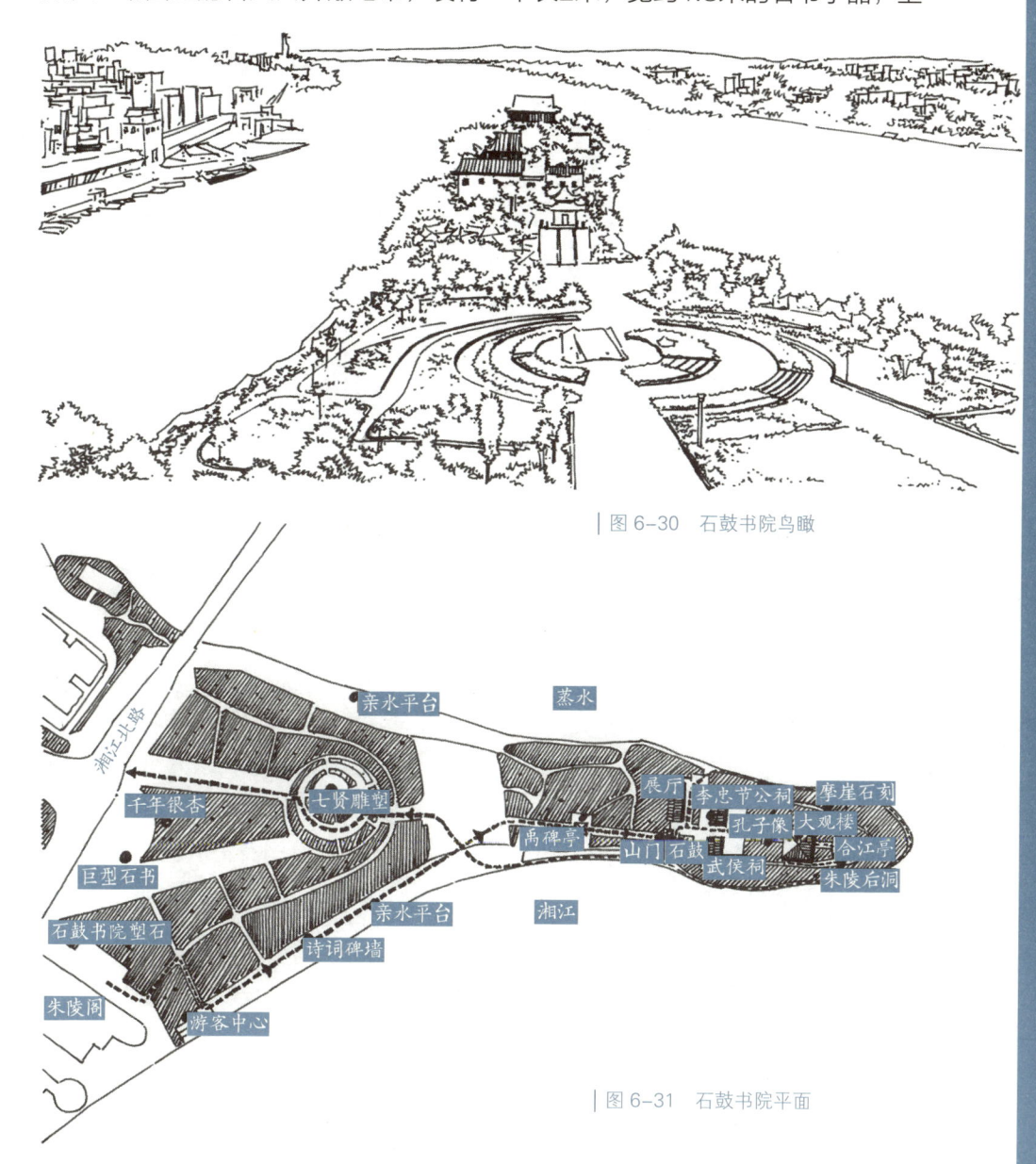

图 6-30 石鼓书院鸟瞰

图 6-31 石鼓书院平面

140 | 古书院物语：图解中国书院形制与意趣

合江亭 9
大观楼 8
二祠 7
石鼓 6
山门 5
禹碑亭 4
石书 3
石鼓七贤雕塑 2
石鼓文化广场 1

图 6-32　石鼓书院景点

面记录着朱熹为重修石鼓书院所作的《石鼓书院记》中的一部分；再如石鼓七贤"的雕像，也是当代园林景观常用的手法（图6-33）。

　　由于石鼓书院位于三面环水的石鼓山上，书院门前必设连接水陆的廊道，因而其前导空间设有长廊以及禹碑亭等作为水陆结合带。虽然书院内皆为中轴对称布置，但院门位于中轴线左下角，和前导景观序幕轴线相连，与书院的中轴线有所偏离。因廊道近百米长，为了打破景观的单调感，在三分之一处设有禹碑亭作为节点成为院门的对景，而院门又成为禹碑亭的框景。

　　书院大门前设30级台阶，既解决了地势高差问题又更加突出了书院的庄严感。中轴线上的大观楼、合江亭不仅是教学活动场所，也是能凸显书院特点的地标性建筑；在轴线上分别设置有书舍、祠堂，充分体现了中国儒家文化思想

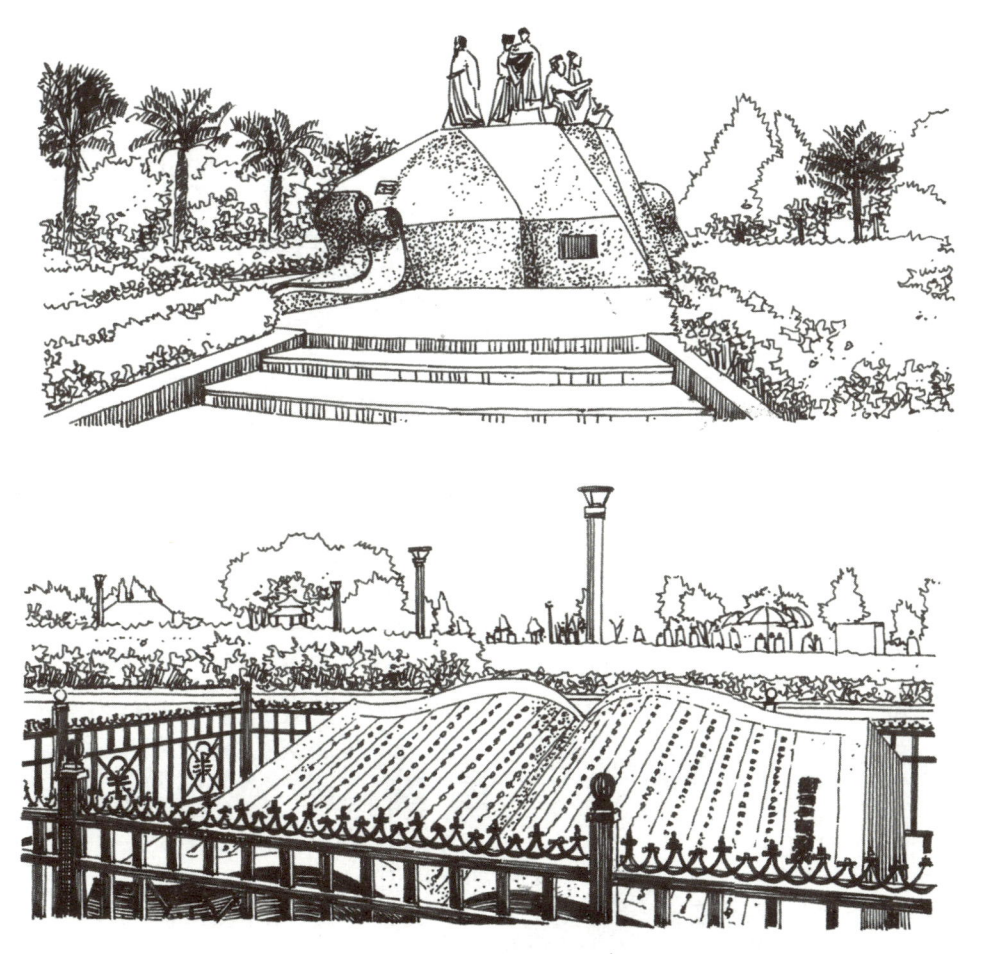

图 6-33　石鼓七贤和石书的雕塑

中等级与尊卑的社会秩序。

　　书院由一条旱桥与城市相连。壮观的大理石双曲拱桥，桥面直通书院大门。旱桥中心建有"禹碑亭"，桥的西面与石鼓广场相连，进一步营造了恢宏的气势（图6-34）。禹碑亭是一座仿清亭式建筑，四角重檐攒尖顶，为书院建筑群体的第一站。穿过禹碑亭，就来到大门前。其为一座朝南硬山顶式的砖木结构建筑，其金字墙、飞檐以及小青瓦在绿色植物的衬托下更显气度（图6-35）。

　　穿过山门即见书舍（即斋舍），此为古之书院师生居住之所。书舍位于山门西面，坐南朝北，砖石木混合结构（图6-36）。"讲于堂，习于斋"是古代书院老师授课、学子自学的一种教授相结合的形式。石鼓书院在清代鼎盛时期曾两次扩建，将书舍增至30多间，且增设书案、凳、书箧等学习与生活用具。

| 图 6-34　禹碑亭

而后是二祠，右边为武侯祠，左边供奉的是诸葛亮，以及为纪念南宋末抗元将领李芾而设的李忠节公祠（图6-37~图6-41）。

| 图6-35 石鼓书院山门

| 图6-36 石鼓书院书舍

图 6-37 二祠（一）

第六章 考察篇 | 145

图 6-38 二祠（二）

图 6-39　二祠（三）

图 6-40　二祠（四）

图 6-41 二祠（五）

之后是大观楼，位于石鼓山顶中部，坐北朝南，两层砖石木混合结构置于高约60厘米的石台基上。重檐歇山顶，青灰色琉璃瓦，檐角飞翘，檐下施卷棚。"登楼观景，心载天下，故谓之大观"，不论是其建筑体量还是功能以及位置都可称得上书院的标志性建筑（图6-42，图6-43）。

148 | 古书院物语：图解中国书院形制与意趣

| 图 6-42　大观楼（一）

| 图 6-43　大观楼（二）

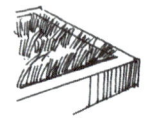

重修后的石鼓书院并未恢复仰高楼,因而在大观楼的一楼设置了两对桌椅,以此来重现讲堂的局部场景。讲堂的背景墙上还有湖湘文化领军人物木雕艺术画像,他们也均为石鼓书院的杰出贡献者——"石鼓七贤"(韩愈、李宽、李士真、周敦颐、朱熹、张栻、黄幹)。室内东边墙上刻《重修石鼓书院建大观楼记》。二层藏书楼,其布局包括藏书区、阅览区、晾书台。大观楼前广场立孔子雕像,坐北朝南,给人以庄严而又肃穆之感。

书院的最后一站为合江亭,又名"绿净阁",位于石鼓山最北端的江边,它是山上最早的景观建筑,也是山中最佳观景处。因其地势高差设计为错层的楼阁式建筑,木石结构,三层重檐歇山顶(图6-44,图6-45)。

| 图6-44 合江亭

图 6-45　通向合江亭的阶梯

　　除主体建筑之外，沿江古迹的"摩崖石刻"以及碑廊的"诗话石鼓"也是其特有的文化景观。据载，有历代摩崖石刻40余处保存在山体岩壁以及朱陵后洞内外。这些石刻镌刻细致、书法体种类以及所属流派繁多，可称作是极其宝贵的文化遗产。其沿江蒸水之处的"东岩""西溪"，湘水之处的"朱陵后洞"如今依然可见（图6-46）。书院临江岸边是文人墨客观赏山水美景、游览书院以及对茶饮酒之地。他们吟诗作词为石鼓书院留下了众多名句佳篇，并刻碑立于山上。2006年6月重修石鼓书院时，特意翻刻了部分碑记来记录当时书院之景，并按朝代顺序（宋、元、明、清）依次镌刻于此（图6-47）。

　　回至石鼓广场，回首远望石鼓山上的书院建筑群体，三水相交，如乘风破浪的一条巨型船舶，向北上进发。正如清代王闿运所联："石出蒸湘攻错玉，鼓响衡岳震南天"（图6-48）。

| 图6-46　朱陵后洞

图 6-47 碑廊

图 6-48 远眺江景

第三节　应天府书院

导览：应天府书院位于河南省商丘市睢阳区商丘古城南门向南至护城堤之间，有别于其他大多数书院选址在名山之中，它以水体为天然屏障。虽处在纷繁市区之中，却也独有一片天地。宋朝时，借宋太祖之光荣升为应天府。后又加封为南京国子监，地位高于一般书院。书院整体采用中轴对称布局规制，左右两旁另设两条独立分明的次轴线，等级严明，体现了其作为皇家书院的气派与规制。

未考察前，我们通过谷歌地图初见应天府书院鸟瞰形制。耳边萦绕着《史记》卷五十八《梁孝王世家》中所载："孝王筑东苑，方三百余里。广睢阳城七十里。大治宫室，为复道，自宫连属于平台三十余里。得赐天子旌旗，出从千乘万骑。东西驰猎，拟于天子。"当时还不知道千里之外的古城，正在历经天翻地覆的全城性旧貌换新颜。繁盛旧景，不复存在，一片唏嘘。

应天府书院的前身是后晋时杨悫所办的私学，北宋政权开科取士，应天府书院人才辈出，百余名学子在科举中及第的竟多达五六十人。后发展至庆历三年（1043），书院改名并升至"南京国子监"，成为当朝的最高学府。值得一提的是应天府书院也是古书院中唯一被提名为国子监的书院（图6-49～图6-52）。

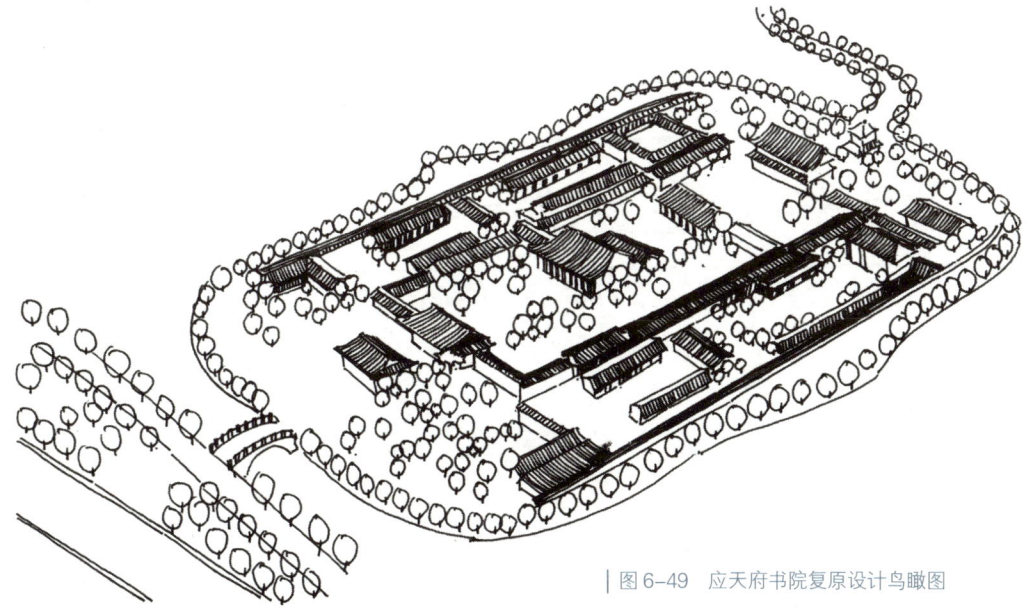

| 图6-49　应天府书院复原设计鸟瞰图

| 图 6-50　护城河旁边的应天府书院

| 图 6-51　应天府书院位置

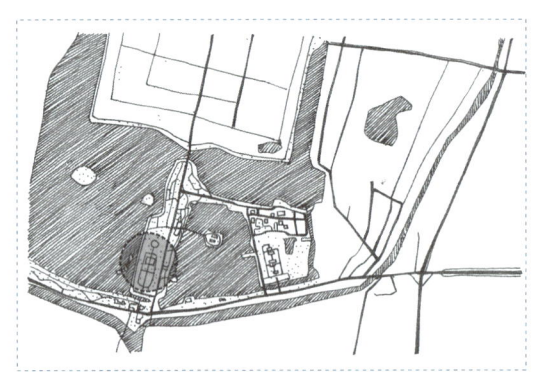

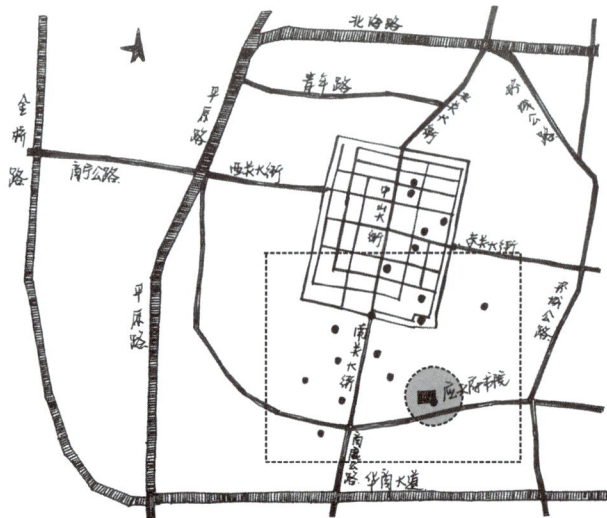

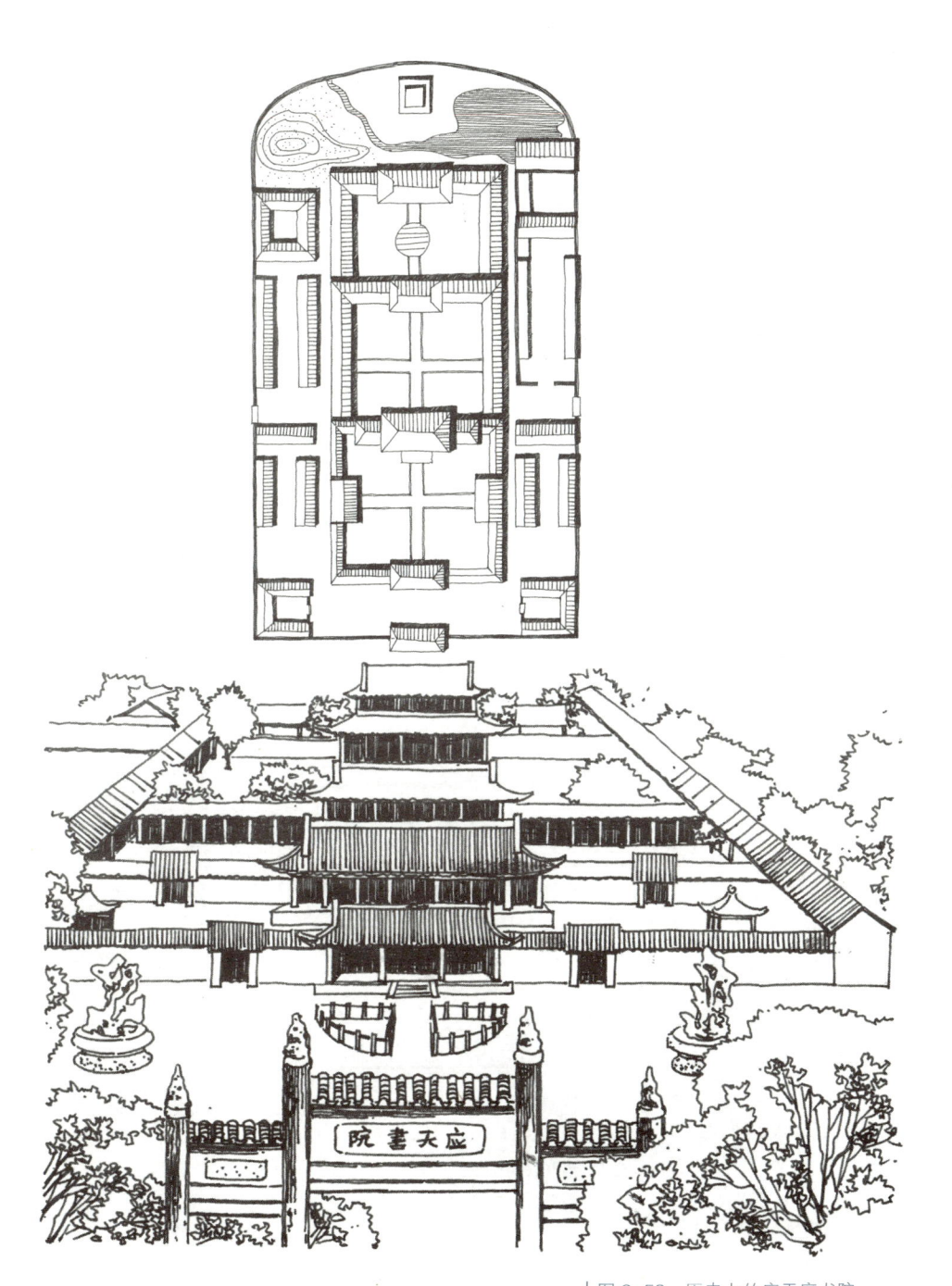

图 6-52 历史上的应天书院

2017年秋，笔者团队考察应天府书院时，古城正在经历新一轮的翻新工程，随处可见仿古建筑效果图贴于古墙之上，那是古城即将"改造后"的面貌。通往应天府书院的道路也被封锁了，我们只能踮起脚尖小心翼翼地走过泥泞的道路来到考察地，见到护城河、状元桥以及书院大门已经修复完毕。据考察，在2003年经河南省政府倡议由河南大学开始对应天府书院进行规划设计。其规划用地50余亩，建筑面积为4116.8平方米。

到访时书院内少有游客，树木新栽，院内空间尽显荒芜。大殿前门设有一处大香炉，两边挂有很多许愿牌，大多都是祈求考学顺利的祈福与心愿之词。走进大殿，殿中竖立着十几位前人雕像，令人不解的是除正中的戚同文为书院首建者之外，其余先贤均为孔子弟子，与书院并无直接关系。之后便是讲堂，但其大门紧锁，周边杂草丛生，甚为凄凉。

古时的应天府书院曾位列书院之首，历经沧桑与变迁之后，当年的气势和威严已然不复存在，即便进行了多次修复还是没能找回昔日繁盛的光景。这也是为什么在当今已有的文献中，针对应天府书院的建筑及规划相关资料尤为少见，书院之美只能记于画中（图6-53~图6-59）。

| 图 6-53　应天府书院复原鸟瞰图

图 6-54　远看大门

图 6-55　书院大门前广场

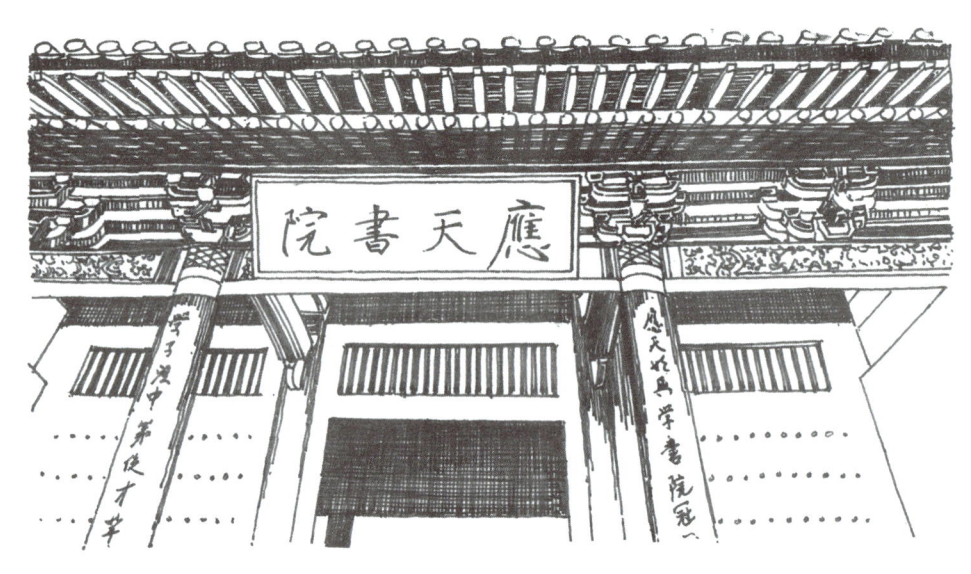

| 图 6-56　书院大门仰视

| 图 6-57　从内远观大门

图 6-58 书院建筑外观

图 6-59 书院崇圣殿

应天府书院的门楼是标准的中式梁架结构和斗栱相扣，同样的结构也见于大殿崇圣殿、范仲淹纪念堂之中（图6-60～图6-66）。不同于其他书院的古朴清幽，应天府书院作为国子监，自有一股官学气派。建筑墙面、檐边、屋顶随处可见皇家色系的纹理装饰图样，再加上大尺度的空间布局更显恢宏气势。

| 图 6-60　书院建筑外部（一）

图 6-61 书院建筑外部（二）

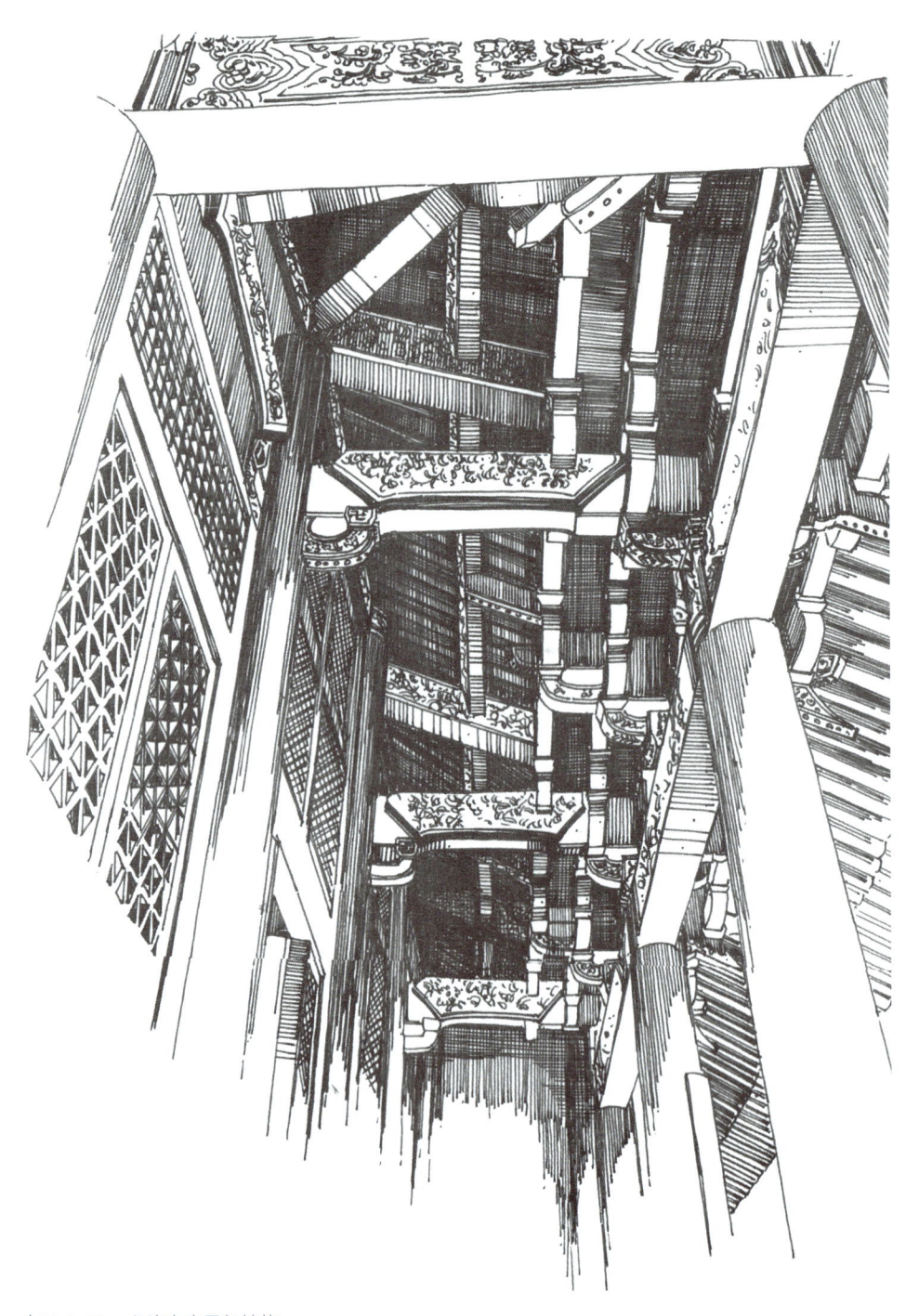

162 | 古书院物语：图解中国书院形制与意趣

图 6-62　书院走廊屋架结构

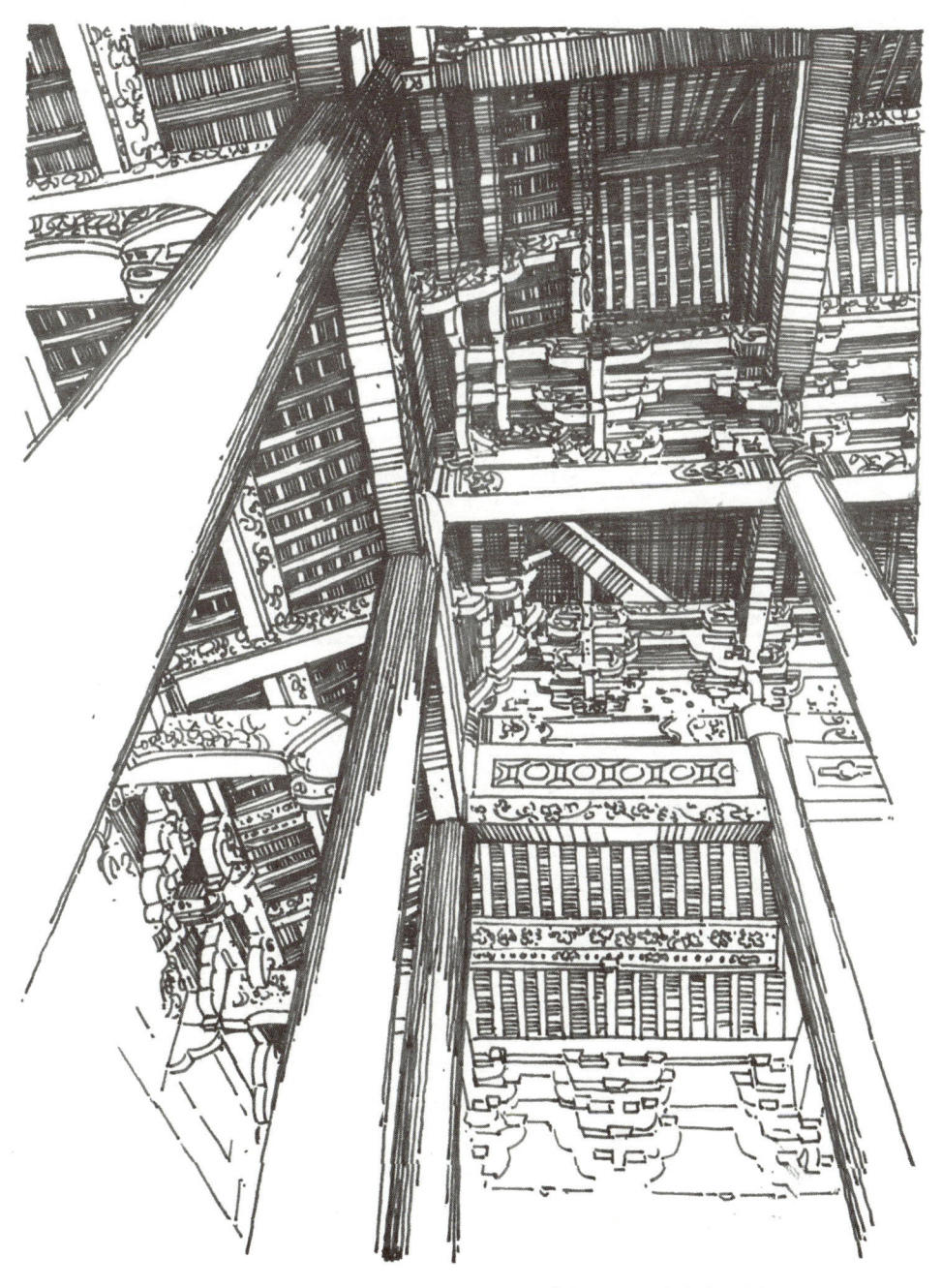

图 6-63 书院建筑内部屋架结构（一）

| 图 6-64 书院建筑内部屋架结构（二）

| 图 6-65 书院建筑内部屋架结构（三）

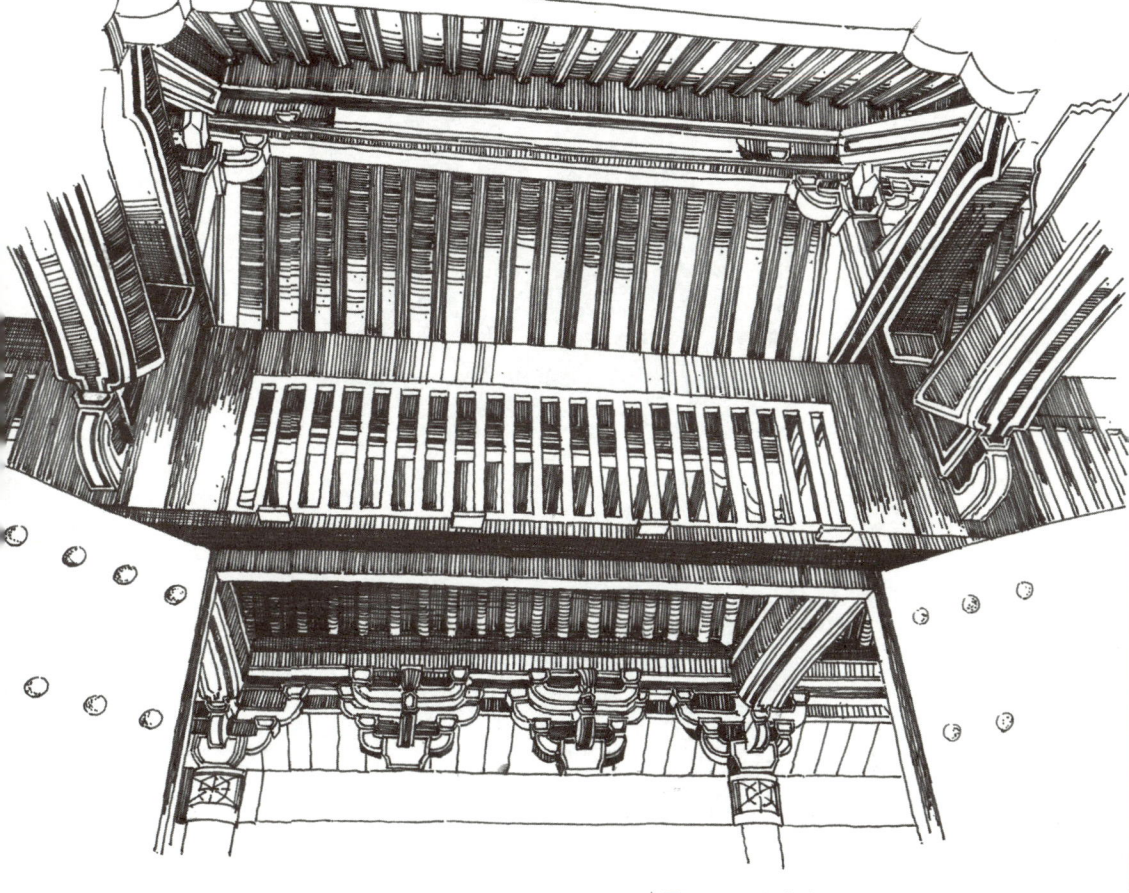

    应天之美，美在与山水古城之结合；应天之美，美在梁架结构与斗栱相扣；应天之美，美在飞檐和装饰图纹，美在红墙灰瓦和窗洞，更美在"发现"。"发现"，实则也是对现存书院的痛与忧。这座还未竣工的"古迹"期待着更多人的关注。"聚学为海，则九河我吞，百谷我尊；淬词为锋，则浮云我决，良玉我切。"这是范仲淹在执掌应天府书院时所作的《南京书院题名记》，足见当年书院的博雅学风和恢宏气势。希望在不久的将来，书院能再现昔日之声誉（图6-67～图6-70）。

图 6-66　书院建筑内部屋架结构（四）

图 6-67 书院园林景观（一）

图 6-68 书院园林景观（二）

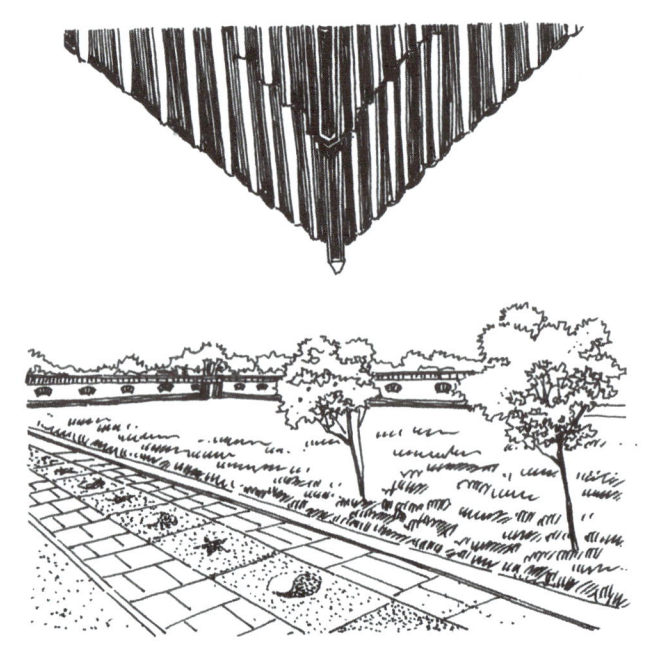

图 6-69　屋檐与外部景观

图 6-70　书院园林景观（三）

第四节　白鹿洞书院

导览：白鹿洞书院位于庐山五老峰东南，今江西省九江市庐山境内。书院得名于在此隐居的一名书生李渤以及他所饲养的一只白鹿。书院格局为并联式，建筑群坐北朝南，由五道院门及五个院落组成。格局造就的浏览路线多样，可逆行亦可交叉。这种流向多样的活动路线灵活多变、体验丰富。

白鹿洞原是唐代洛阳人李渤年轻时隐居求学之地。李渤曾饲养一头白鹿自娱，白鹿十分驯服，常随主人外出走访游玩，还能帮主人传递信件和物品，时人因此以鹿名人，称李渤为白鹿先生；以鹿名地，称此处为白鹿洞（图6-71）。

白鹿洞书院位于庐山东南五老峰下的海会镇和星子县白鹿乡的交界处，全院占地面积近3000亩。与其他书院不同，白鹿洞书院的环境不仅只是院墙周围地带，还包括整个山林所及的范围，不仅有山水自然

图6-71　书院名字由来的"白鹿"与"洞"

（图6-72），还有桥、亭、古道等人文环境。

图 6-72　山水为伴的环境

庐山以其山清水秀闻名于天下，而白鹿洞书院就隐逸在此青山绿水中。沿着蜿蜒曲折的林间公路，只听见溪水潺潺、鸟语萦绕，两岸峰峦叠翠、云雾缭绕，仿佛来到世外桃源一般（图6-73）。山林之中随处可见独特的南方植物，如柳杉、水杉（图6-74）、紫荆、红枫、银杏、广玉兰、珍珠黄杨、红叶等。而书院内部的植物寓意则更倾向于表达人文思想和文化内涵，例如"丹桂亭"源于朱熹栽桂（图6-75）。植被的选择与排布更衬托着古代文人志士宁静、闲雅、自然古朴的诗意与情怀。

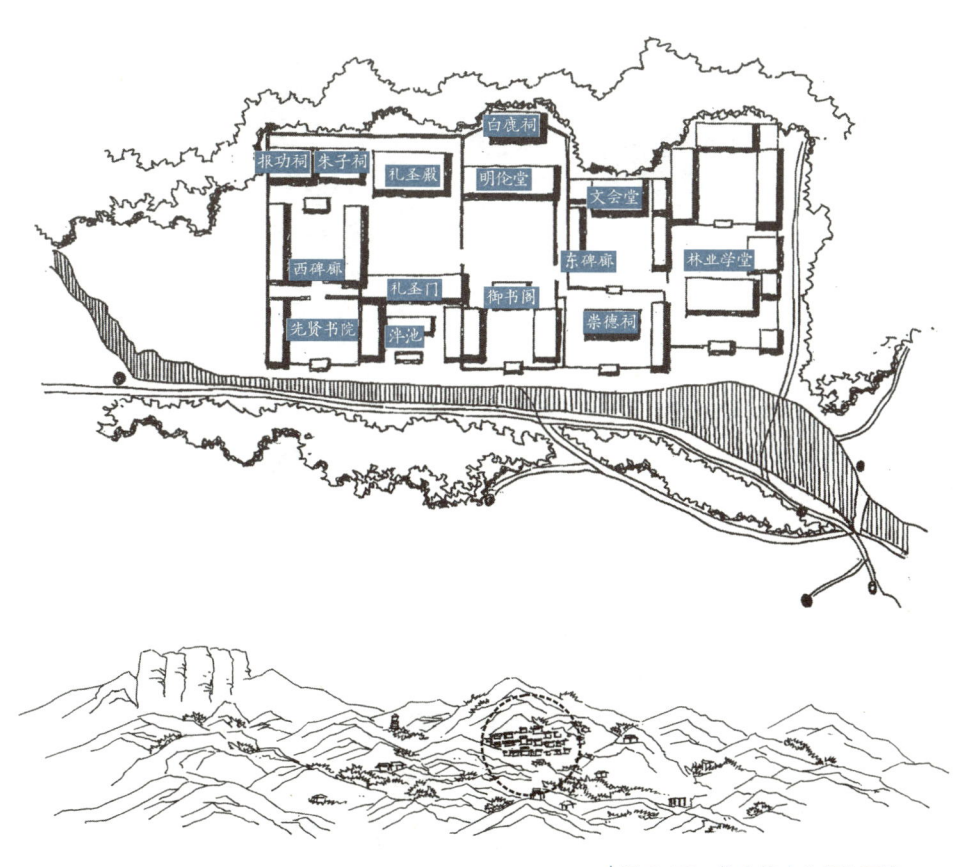

图 6-73 依山傍水的择址环境

图 6-74 书院前大道的杉树

图 6-75 丹桂亭

另值得一提的是山水间的石刻，不论是在当时还是现今都有教育意义（图6-76）。它们是历代文人寄情题咏留下的墨迹，为自然景色平添了些许人文气息。这些摩崖题刻集文学、书法于一体，具有吟咏和观赏价值，引人入胜且耐人寻味。一块碑刻、一方摩崖都与白鹿洞书院的历史与文化不可分割，是白鹿洞书院文化遗产重要的组成部分（图6-77）。

步入书院，映入眼帘的是一处以明清建筑特色为主的建筑群，书院分五路布置（图6-78），自成院落，各自有门楼且互相连通，出入方便。房屋建筑、门楼和院墙等多为石木或砖木结构，屋顶均为硬山顶，颇具文雅格调和书香情趣。

| 图6-76 枕流桥

图 6-77　山水之间的石刻

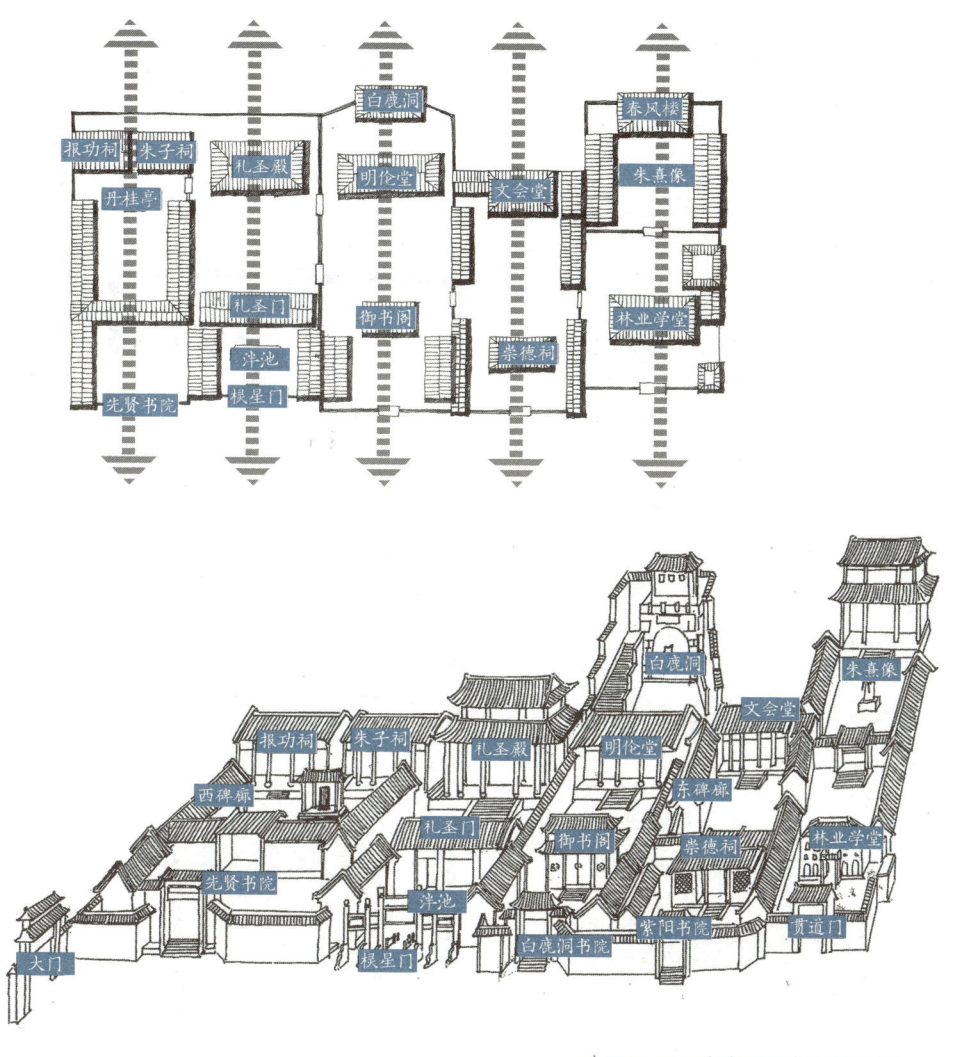

图 6-78　白鹿洞书院的建筑群体

  书院坐落在贯道溪旁，有棂星门、泮池、礼圣门、礼圣殿、朱子祠、白鹿洞、御书阁等主要建筑（图6-79）。书院的中心轴线为日常师生排疑解惑、传学授道的核心所在。由该轴线上的头门（图6-80）而入，映入眼帘的便是一个由御书阁及其东西两侧的憩斋、泮斋围合而成的院落空间（图6-81）。庭院的空间尺度并不大，由两侧低矮房屋与北侧两层高的楼阁式建筑形成鲜明对比，凸显御书阁地位的重要性和庄严感，步入院内令人肃然（图6-82）。

穿越御书阁即为教学空间，书院除教授儒经教义、阐述学派宗旨，还定期举办各学派学术交流、大师公开授课等活动，故而该院落空间的尺度较大，也较为开敞。院落北侧的明伦堂面阔五间，单檐歇山顶，白墙灰瓦，立面不做过多装饰，体现文人雅士"好质恶饰"的审美观念（图6-83）。明伦堂之后为思贤台，至此该中心轴线的空间游览序列完成。

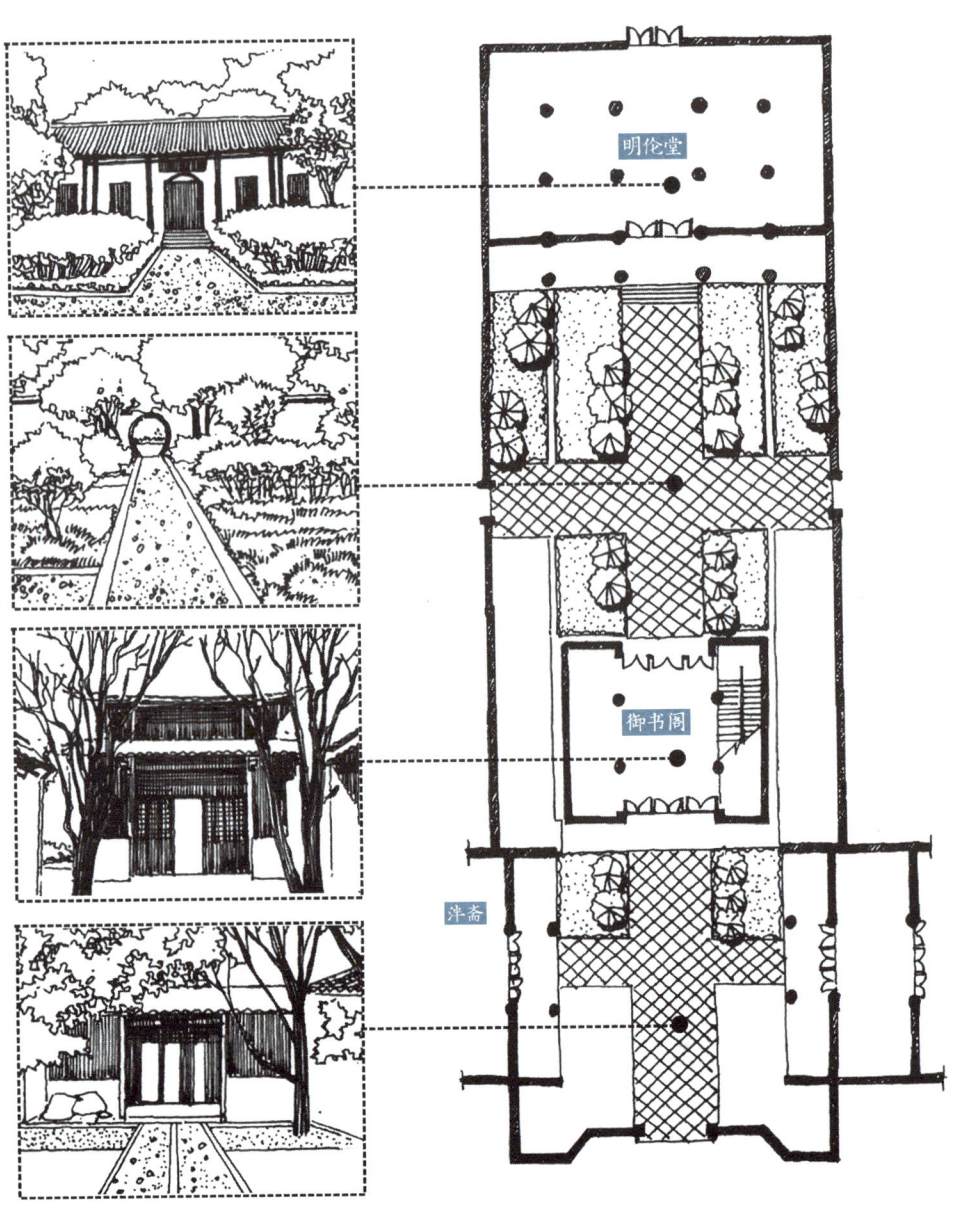

图6-79 主轴线建筑

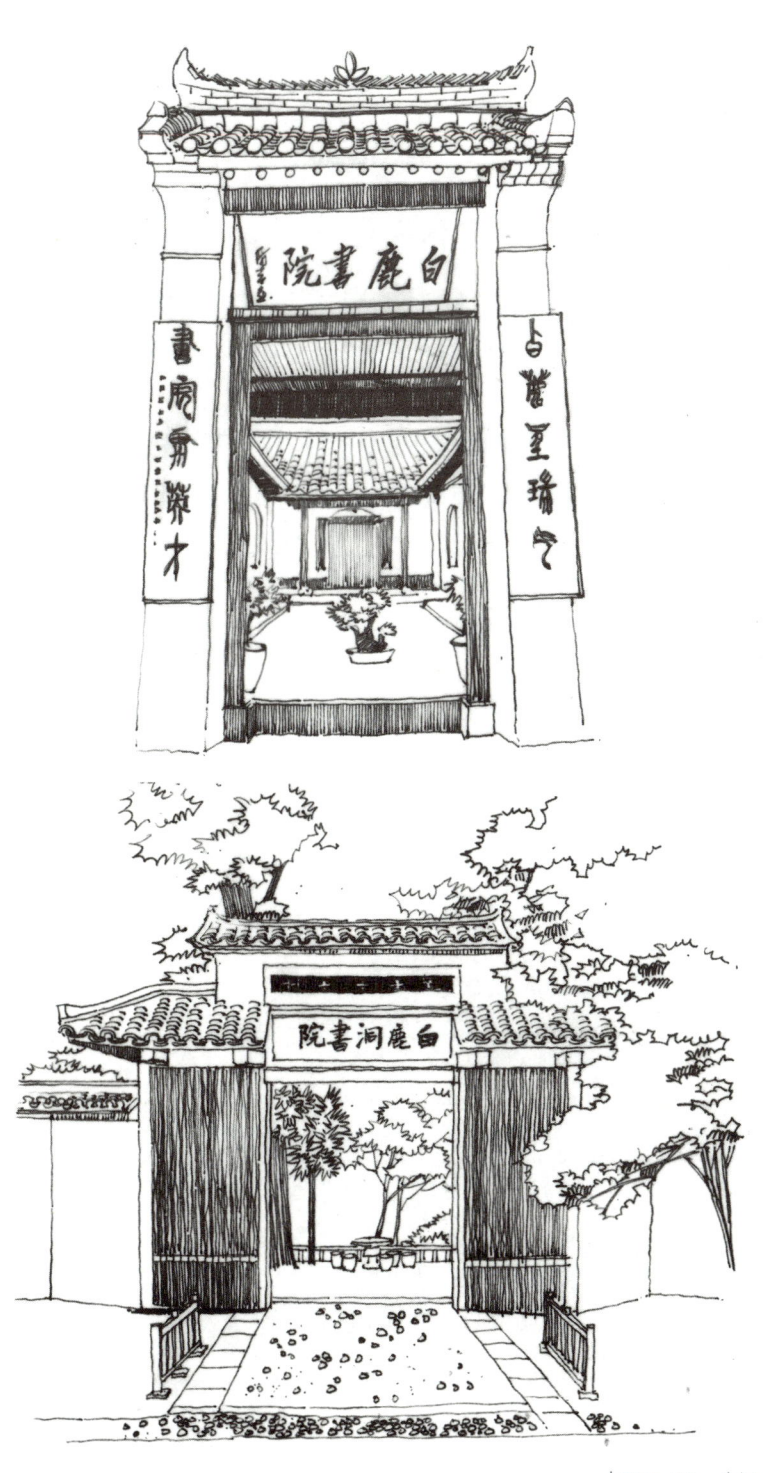

图 6-80 头门

图 6-81　憩斋

图 6-82　御书阁

| 图 6-83　明伦堂

　　靠近讲学区西侧一轴即为书院祭孔之处，由棂星门而入（图6-84）便为祭祀前导空间。院落中间为泮池、状元桥，两侧为泮斋，北为礼圣门，形成了仪式感较强的祭祀空间序列（图6-85）。跨过礼圣门，即为祭殿前的院落空间，该空间较为宽敞以保证祭祀活动的顺利进行，礼圣殿作为压轴之戏处于院落的北侧。礼圣殿是书院中等级最高的建筑物，歇山重檐、翼角高翘，回廊环绕，但与一般文庙大成殿有所不同的是青瓦粉墙，使这座恢弘庄严的殿堂又显出几分清幽和肃穆，与四周硬山坡屋顶带有民间风格的建筑十分和谐。在礼圣殿的石墙上嵌有石碑和孔子画像石刻。中国古代历来就有官员门前列戟一说，这象征着品级高，戟门也就成了高规制的形式，在古代皇家宫廷庙宇等礼制建筑中颇为常见。这样分明的等级，同样在礼圣殿的戟门中体现出来。门上工整对称的镂空雕刻使得自然光均匀透入殿中（图6-86～图6-89）。

| 图 6-84 棂星门

| 图 6-85 白鹿洞书院西侧空间序列

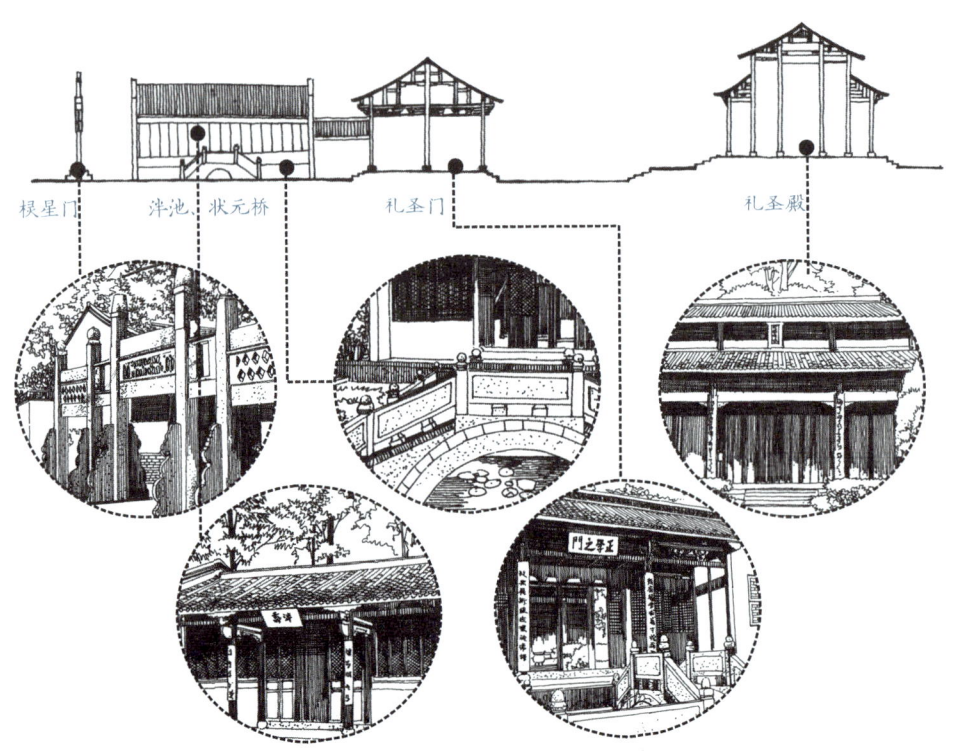

图 6-86　状元桥与泮池

图 6-87　礼圣门

| 图 6-88　泮斋

| 图 6-89　礼圣殿

礼圣殿西侧为先贤书院（图6-90），与明伦堂东侧的紫阳书院如出一辙，均为祭祀先贤之场所。由两进院落贯穿轴线，绿树环绕，碑廊相附，一并形成了错落有致的空间环境。以礼圣殿西侧的朱子祠为例，该建筑为纪念朱熹而建，题记所载的白鹿洞位于祠堂之后，在朱子祠东厢设有碑廊，内嵌宋至清古碑120余块，这是新中国成立后为保存文物古迹而新建，与穿插于溪流、院落、植被之间的亭廊一同记载着书院历史和文化思想（图6-91～图6-94）。

图6-90 先贤书院门头

184 | 古书院物语：图解中国书院形制与意趣

图 6-91　先贤书院朱子祠

图 6-92　先贤书院内庭景观

| 图 6-93　绿树环绕，碑廊相附

| 图 6-94　朱子祠

建筑群体东侧为延宾馆，由春风楼、两侧厢房、逸园等组成，可供聚会、研习、休憩、读书自修之用。经贯道门而入，映入眼帘的是中华民国时期建的一栋二层楼房，现为林业学堂的办公楼（图6-95）。

| 图6-95　林业学堂

穿过该建筑，便为空旷院落（图6-96、图6-97），东侧有低矮房屋，为书院厨房、餐厅之所。由院落北侧门而入，绕过影壁即为宽敞开阔的院落空间。以轴线北侧春风楼为端点，楼底层为洞主陈列著述、下榻之所，二层为文人墨客聚会、登临吟诵之所，建筑高11.2米，长15.8米，进深13.9米，重檐歇山顶，立于高台之上气势恢宏壮观（图6-98）。院落东西两侧为单层砖木结构厢房，硬山顶与高大的春风楼形成对比，更突显其庄严肃穆。

图 6-96 延宾馆内院景观

图 6-97 延宾馆内院空间

图 6-98 春风楼

  白鹿洞书院建筑群体南侧是围绕贯道溪而营造的山林环境，历代管理者均对其颇有兴趣，或建桥、建亭，或题刻巨石，体现出孔子"智者乐水，仁者乐山"的情怀以及儒家崇尚自然、天人合一的思想，为江西其他书院所不能比拟。书院曾先后建亭20多处，亭既起到组景、点景、观景的作用，又具备护碑、护井、憩息的实用价值。绿篱将亭与古道以及其他书院建筑群串联起来。并联式的白鹿洞书院序列轴线秩序井然，可谓"大雅之堂"（图6-99～图6-102）。

图 6-99 石刻

图 6-100　江西进士榜

第六章 考察篇

| 图 6-101 天下状元柱

| 图 6-102 通往状元柱的林间小路

第五节　嵩阳书院

导览：书院位于河南嵩山南麓，今登封市北约3公里处，北依嵩山主峰峻极峰，南对双溪河。建筑群所组合而成的半封闭式庭院空间共由五重院落组合而成。由多进院落依次串联，将各个功能空间紧密联系。内部交通流线清晰明了，在日常使用中各种动线少有逆行或交叉。俯瞰整个嵩阳书院，层次递进鲜明，绿荫相佐，掩映其中。

嵩山位于五岳之中，因为处于中间地段而被认为"天地之中"。被列为世界文化遗产的登封"天地之中"项目主要包括8处11项建筑，其中有少林寺的常住院、塔林、初祖庵；中国现存最古老的天文台周公观星台和测景台；最早的儒家祭祀及考试场地嵩阳书院；还有东汉三阙——启母阙、太室阙、少室阙，以及嵩岳寺塔、会善寺、中岳庙等（图6-103~图6-105）。

| 图6-103　嵩阳书院大门

图 6-104 崇山峻岭中的嵩阳书院

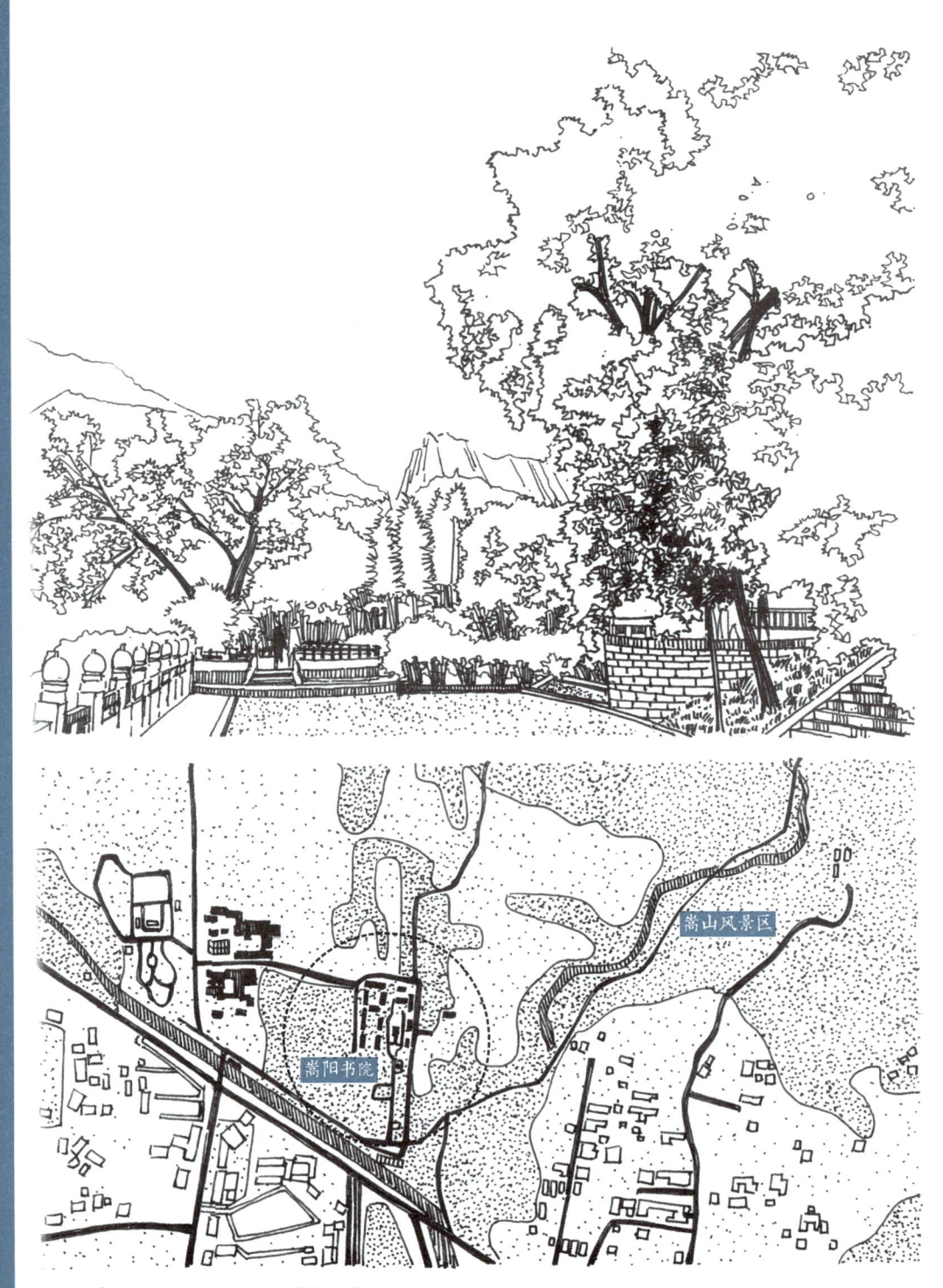

图 6-105　天地之中的嵩阳书院

"嵩阳"得名于嵩山之阳。书院北依峻极，南临双溪，东边为林泉深幽的逍遥谷，西边是如凤飞舞的少室山，景色清幽。烟雾环绕若隐若现的嵩山反而为书院增添了几分神秘与神圣感。不同于岳麓书院有广为流传的"书院八景"，嵩阳书院的景观没有一致的参考名录。笔者团队通过考察总结了"嵩阳六例"，接下来按浏览路径顺序一一展开描述（图6-106）。

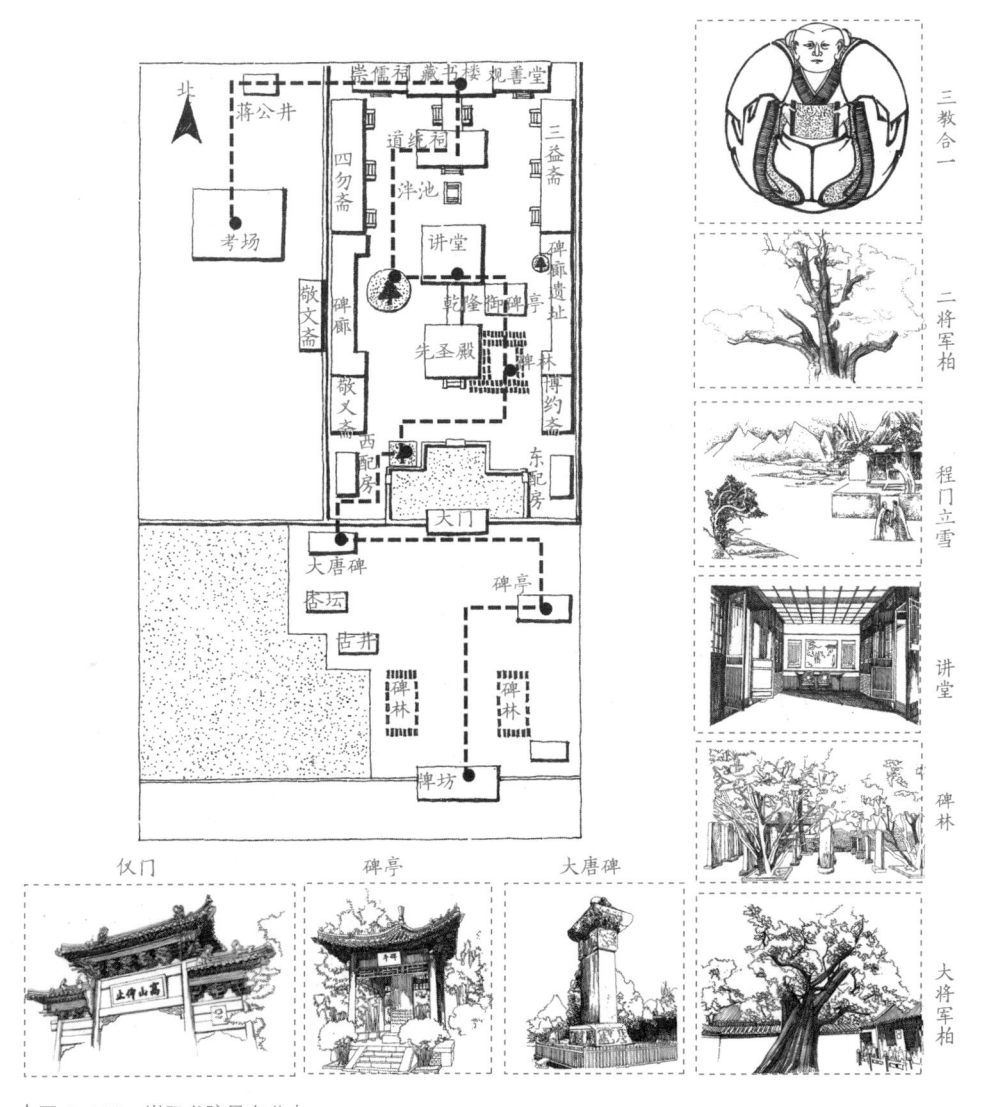

图 6-106　嵩阳书院景点分布

首先，第一例为仪门（图6-107，图6-108），属牌坊式建筑，上题"高山仰止"，意指孔子学识渊博如高山一样足以让后人仰慕。穿过仪门后，只需几步就可看到右侧有一设立于东魏孝静帝天平二年（535）的石碑。据载这是嵩山保留下来的历史较早的石碑之一，此为第二例"碑传敬意"的第一幕。该碑高3.05米，宽1.1米，厚0.26米。石碑作为历史印迹为今人传达了十分丰富的信息，从石碑上我们可以了解到东魏时期嵩阳地区佛寺的兴盛程度。石碑上刻有许多佛像，因年代久远加之保护力度不足，大部分已无法辨别面目，只依稀可辨别出北魏时期"曹衣出水"的造像风格。石碑上文字以魏碑体为主，介于楷书和隶书之间，字体刚健、笔力圆阔，是书法上品（图6-109，图6-110）。拾阶而上（图6-111）开启了"碑传敬意"的第二幕——大唐碑。

| 图 6-107　仪门结构细部

第六章 考察篇 | 197

| 图 6-108 仪门远视

| 图 6-109 碑亭

图 6-110　树荫下的石碑

图 6-111　拾阶而上至大唐碑

大唐碑又称"大唐嵩阳观纪圣德感应之颂"（图6-112）。设立此碑的主要意义是记载嵩阳观道士孙太冲为唐玄宗李隆基炼丹九转、为玄宗皇帝治病的传说。碑建于唐天宝三年（744），碑高9.02米，宽2.04米，厚1.05米，为当地最大的石碑。石碑主要分为三部分：下部是精雕长方形石座，四面共十个石龛，前后各三个，两侧各二个；中部碑身上刻碑文，撰文者是李林甫，字体端

图6-112 大唐碑及周边环境景观

正，笔法雄劲，具有极高的书法艺术价值，碑的背面和两侧也都有题词，但这些内容大多在唾骂"奸相"李林甫；最后一部分则为碑帽，碑帽自身也由三部分组成，上端为两只石狮把持宝珠，栩栩如生，中端则是连续的大片祥云图浮雕，下端为弧形，正面是篆刻的碑额，额文两边分别雕刻有双龙和麒麟。该碑是唐代石刻艺术的佳品，也是研究嵩阳书院的珍贵史料。

通过大门后，迎面为先圣殿，右边是"碑传敬意"的第三幕——碑林。碑林中的石碑、造像碑、经幢等在植物的衬托下更添肃穆、神秘之感（图6-113，图6-114）。

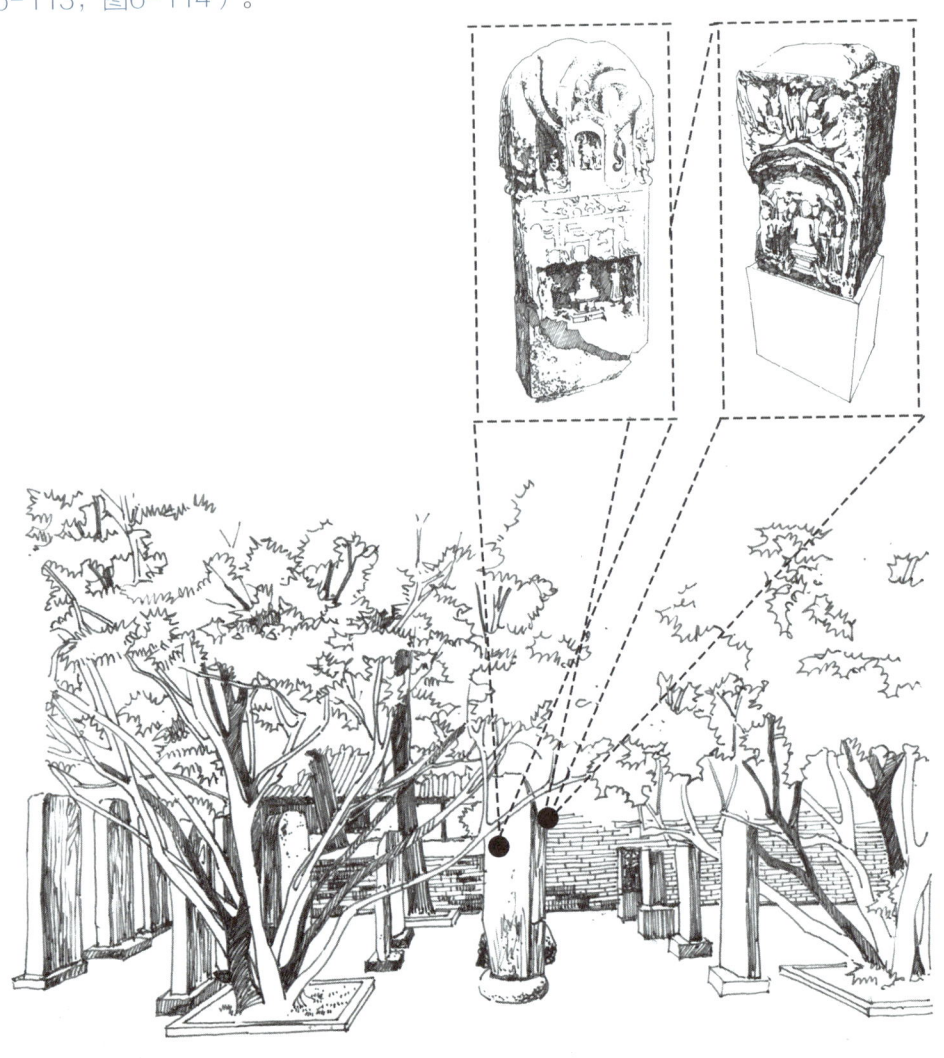

| 图 6-113　碑林景观（一）

图6-114 碑林景观（二）

通过碑林，可至书院主体建筑两旁的碑廊。此处多有名人题字，如《汉封将军柏碑》、北宋黄庭坚《诗碑》、明代《四箴碑》及《汉封将军柏图碑》《石刻登封县图碑》（图6-115~图6-117）。"碑传敬意"的第四幕为记录当年乾隆皇帝游历嵩山御碑亭，留下了"书院嵩阳景最清，石幢犹记故宫铭"诗句（图6-118）。

图 6-115　远观碑廊

图 6-116　碑廊（一）

图 6-117　碑廊（二）

图 6-118 乾隆御碑亭

先圣殿的周围植有不少古柏，最著名的有"汉封柏"三株，又称"原始柏"。凡至嵩阳书院者都会不由得感叹其体态苍劲，绿意盎然，此为第三例。现在存活的两株原始古树是大将军柏和二将军柏。大将军柏稍有倾斜，倚靠在石墙之上；二将军柏高约30米，冠幅约17.8米，笔直向上显得更为高大，是我国最大最古老的柏树之一。虽然树干部分有树皮脱落的现象，但是枝叶犹茂，生机勃勃。柏旁有石碑多块，皆为唐宋名人所题（图6-119~图6-121）。

| 图6-119 将军柏

| 图 6-120　远观将军柏

| 图 6-121　将军柏景观

穿过二将军柏之后就到了第四例——讲堂前后。这也是"二程讲学""程门立雪"典故的发源地，据载北宋理学大师程颢、程颐在书院开讲时，门庭若市。隆冬期间，大雪飘扬，杨时、游酢两名学子从千里之外前来求教。由于当时程颐在讲堂内闭目静养，为免打扰他休息，二人就恭立于门外静静等候。等程颐发觉时院内的积雪已有一尺多厚，而二位学子仍站立在雪中。"颐偶瞑坐，时与游酢侍立不去。颐既觉，则门外雪深一尺矣。"后人把这段尊师重道的典范称为"程门立雪"（图6-122）。

| 图6-122　程门立雪

通过讲堂（图6-123~图6-125）及道统祠（图6-126）可至藏书楼。此处可见《混元三教九流图赞》（碑刻拓片），此为第五例。据载该图为明代音乐家朱载堉所绘，仔细观察可看出中间为两位面对面的老人，左边指代至圣

| 图 6-123　讲堂外景观（一）

| 图 6-124　讲堂外景观（二）

先师孔子，右边指代道教祖师老子，而遮住两边发髻正面者为佛教创始人释迦牟尼，意寓三教合一。嵩山是三教融汇之地，最早从北魏孝文帝时代的嵩阳寺（佛寺）到隋炀帝时期的嵩阳观（道观）再到嵩阳书院（儒学之地）。

| 图 6-125　讲堂内部环境

| 图 6-126　道统祠侧面景观

至此东偏院的建筑均已游览结束。细心观察便可发现还有一列西偏院。但是由于已有的书院建筑规模较大，再加上可展示陈列的物品不多，西偏院暂时不对外开放。在我们说明来意后，书院的管理方破例为笔者团队开锁进行考察，可以看到西偏院为清代风格的嵩阳书院教学考场部分建筑。这在书院的功能布局中并不多见，故将考场群体建筑列为嵩阳书院的第六例（图6-127）。

图 6-127　考场内的蒋公井

参考文献

[1] 邓洪波. 中国书院史[M]. 武汉：武汉大学出版社，2012.

[2] 朱汉民，邓洪波，陈和. 中国书院 [M]. 上海：上海教育出版社，2002.

[3] 杨慎初. 中国建筑艺术全集10：书院建筑 [M]. 北京：中国建筑工业出版社，2001.

[4] 苏万兴. 简明古建筑图解 [M]. 北京：北京大学出版社，2013.

[5] 杨慎初. 岳麓书院建筑与文化 [M]. 长沙：湖南科学技术出版社，2003.

[6] 林徽因. 林徽因讲建筑[M]. 西安：陕西师范大学出版社，2004.

[7] 梁思成. 图像中国建筑史 [M]. 北京：生活·读书·新知三联书店，2001.

[8] 彭一刚. 中国古典园林分析[M]. 北京：中国建筑工业出版社，1986.

[9] 郭建衡，郭幸君. 石鼓书院[M]. 长沙：湖南人民出版社，2014.

[10] 曾孝明. 湖湘书院景观空间研究[D]. 重庆：西南大学，2013.

[11] 董睿. 巴蜀书院园林艺术探析[D]. 成都：四川农业大学，2013.

[12] 宫嵩涛. 嵩阳书院[M]. 长沙：湖南大学出版社，2014.

[13] 邓洪波. 千年弦歌：书院简史[M]. 深圳：海天出版社，2021.

[14] 柳肃，柳思勉. 礼乐相成：书院建筑述略[M]. 深圳：海天出版社，2021.

后记

　　本书受到杨慎初先生编著,并由柳肃教授、张卫教授以及邓洪波教授纂稿的《岳麓书院建筑与文化》启发,尤其是其关于书院建筑类型测绘制图的表现形式。

　　感谢编辑张维欣的协助和支持,使得本书从一篇仅由微信公众号推送的描绘岳麓书院之美的文章,变成一本历时三年、以数百张手绘图解中国古书院出版物。

　　感谢我们的作者团队:李桃、田欣、饶敏,三年来夙兴夜寐,利用工作之余完成考察、撰稿、绘图、校稿等工作。

　　感谢湖南大学邓洪波老师、宋明星老师以及"青年建筑"副主编王绍光老师撰写序言。

　　感谢新西兰奥克兰大学建筑与规划学院课程助教、博士生李晔,新西兰奥克兰大学建筑与规划学院研究生、奥克兰建筑设计咨询顾问郑天然对本书建筑篇章结构体系以及初稿成文的重要贡献。

　　感谢湖南大学建筑学院DAL数字实验室胡骉老师以及衡阳市大河文化发展有限公司董事长许丰华先生为本书提供的精美的摄影作品。

　　本书撰写的动力源自于求学时期对书院的敬仰和热爱,如今虽无法时时造访但远在他乡的我们却是时常想念。我们希望将书院之"美"以绘本的形式传递到更多人心中。2019年7月听闻"韩国新儒学书院"入选世界文化遗产,我们心中也为之激动。世界文化遗产本是人类共同的文化财富,韩国书院申遗成功突显了书院制度在人类文化史上地位的重要性,这项决策不单对韩国,对中国同样是一种激励和促进,更有助于推进对传统书院的保护,进一步挖掘书院文化,传承历经千年的文化精华,这也是本书之始的期望。编著的工作虽已告一段落,但我们对书院文化的挖掘和传承还在路上。